FORSCHUNGSBERICHTE DES LANDES NORDRHEIN-WESTFALEN

Nr. 1352

Herausgegeben
im Auftrage des Ministerpräsidenten Dr. Franz Meyers
von Staatssekretär Professor Dr. h. c. Dr. E. h. Leo Brandt

DK 672.71:620.2

Direktor Dipl.-Ing. Hans Stüdemann
Dr.-Ing. Fritz Esselborn
Forschungsinstitut an der Fachschule für Metallgestaltung
und Metalltechnik Solingen

Die Ergebnisse von Schneideigenschaftsprüfungen
an Messern unter Berücksichtigung des Einflusses
der geometrischen Form des Messers
und des Einflusses der Karbidverteilung
und -größe im Werkstoff

Springer Fachmedien Wiesbaden GmbH

ISBN 978-3-663-06087-1   ISBN 978-3-663-07000-9 (eBook)
DOI 10.1007/978-3-663-07000-9

Verlags-Nr. 011352

© 1964 by Springer Fachmedien Wiesbaden
Ursprünglich erschienen bei Westdeutscher Verlag Koln und Opladen 1964

Inhalt

   I. Vorwort 7

  II. Einleitung 8

 III. Einflüsse der geometrischen Form 10

     1. Zusammenstellung der bisherigen Erkenntnisse 10

     2. Einfluß von Keilwinkelgröße und Klingendicke 11

        a) Schwierigkeiten in der Reproduzierbarkeit der Prüfergebnisse an Klingen, die aus der üblichen Fabrikation stammen, und an Klingen, die nachträglich noch beidseitig abgezogen wurden 11

        b) Eigene Untersuchungen 15

        c) Versuche an einseitig abgezogenen Klingen 21

     3. Die Schartigkeit der Schneide 24

     4. Einflüsse auf die Schneideigenschaften durch Gratbildung an der Schneide 27

  IV. Untersuchungen über die Wirkung der Karbide auf die Schneideigenschaften von Messern 30

   V. Zusammenfassung und Ausblick 37

  VI. Literaturverzeichnis 39

I. Vorwort

Die vorliegende Arbeit schließt an Versuche an, die im Rahmen einer Forschungsarbeit über die Einflüsse unterschiedlicher Herstellung von rostbeständigen Messern auf deren Qualität für die Beurteilung der Schneideigenschaften durchgeführt werden mußten. Diese Versuche führten zu einigen grundlegenden Erkenntnissen über die Einflüsse der Formgestaltung der Klinge sowie über den Zustand der Karbidverteilung und -größe auf die Schneideigenschaften. Sie sind in weiteren Untersuchungen ergänzt und erweitert worden. Der derzeitige Stand der Untersuchungen wird hier dargelegt. Wenn auch noch etliche Probleme bisher ungeklärt sind, konnten doch mit den bereits gewonnenen Erkenntnissen für weiterführende Untersuchungen wichtige Hinweise gegeben werden. In Heft 1140 dieser Schriftenreihe wurde bereits in ähnlicher Weise über die Einflüsse der Prüfbedingungen – gegeben durch die Prüfverfahren – auf die Schneideigenschaften berichtet.
Mit einer Reihe von Problemen, die mit der oben erwähnten Forschungsarbeit in Zusammenhang stehen, steht auch die Dr.-Ing.-Dissertation von F. ESSELBORN, die von der Fakultät für Bergbau und Hüttenwesen der Rheinisch-Westfälischen Technischen Hochschule Aachen genehmigt worden ist, in Verbindung. Wir möchten auch an dieser Stelle vor allem Herrn Dr. phil. A. ROSE danken, der die wissenschaftliche Betreuung dieser Dissertation übernommen hatte. In späteren Heften dieser Schriftenreihe sollen die weiteren Ergebnisse des gesamten Forschungsvorhabens bekanntgemacht werden.

II. Einleitung

Eine Beurteilung der Qualität von Messerklingen kann sich nicht allein auf die Kennzeichnung von Härte- und Gefügezustand des Materials beschränken. Das Verhalten einer Messerklinge bei einer zweckentsprechenden schneidenden Beanspruchung wird zwar durch diese Materialeigenschaften deutlich mitbestimmt, ist aber nicht ausschließlich von ihnen abhängig. Eine Reihe von Arbeiten über die Qualität von Messerklingen und ihre Beeinflussung haben sich in Erkenntnis dieser Tatsachen vorab der Schaffung geeigneter Prüfverfahren widmen müssen. Diese Verfahren sind meist nur für die Versuche, wie sie in den betreffenden Arbeiten vorgenommen wurden, eingesetzt worden. Bedauerlicherweise sind keine weiteren umfangreichen Arbeiten an diesen Prüfgeräten bekanntgeworden, die dazu verholfen haben, die sehr vielschichtigen Einflüsse auf das Schneidverhalten in folgerichtiger, sinnvoller Weise Punkt für Punkt zu klären. So sind in einer Anzahl dieser Arbeiten immer wieder die gleichen Einflußgrößen, wie zum Beispiel Härte oder Keilwinkel, untersucht worden. Durch die Verschiedenheit der angewandten Verfahren sind die Ergebnisse allenfalls in ihrer Tendenz, niemals aber absolut miteinander vergleichbar. Viele andere Einflüsse sind demgegenüber unberücksichtigt, ja vielleicht sogar unerkannt geblieben. Eine genaue Klärung aller mangelnden Einflüsse ist jedoch unbedingte Voraussetzung für die Weiterentwicklung eines Schneideigenschaftsprüfverfahrens. Das bedeutet, daß die bisher vorgenommenen Untersuchungen, bei denen jeweils neue Verfahren entwickelt wurden, nicht zu dem erhofften Ziel eines für die Praxis und das Labor einsetzbaren Prüfgerätes geführt haben. Daher erscheint es sinnvoll, mit den vorhandenen Verfahren alle weiteren Einflüsse zu untersuchen und gegebenenfalls auf Grund der gewonnenen Erkenntnisse in konsequenter Weise Schritt für Schritt die Prüfbedingungen entsprechend abzuwandeln.
Im Rahmen von Untersuchungen über den Einfluß der Formgebung und Wärmebehandlung auf die Eigenschaften von Messerklingen müßten zwangsläufig auch die Ergebnisse von Schneideigenschaftsprüfungen herangezogen werden. Bei der Durchführung dieser Prüfungen konnte eine Reihe von Einflüssen beobachtet werden, von denen einige schon in früheren Arbeiten erwähnt waren und zum Teil auch näher untersucht wurden. Es handelt sich dabei meist um Einflüsse, die in der betrieblichen Fertigung nicht konstant gehalten werden, zum Teil auch gar nicht konstant gehalten werden können (z. B. Härte, Keilwinkel, Klingendicke u. a.). Es war deshalb von Interesse, die Größenordnung derartiger Einflüsse mit aufzuzeigen, um vor allem der Praxis Anhaltspunkte dafür zu geben, welche der vielfältigen Einflüsse in erster Linie die Schneideigenschaften nachhaltig verändern und dementsprechend nach Möglichkeit im Rahmen der Fertigung mit besonderer Aufmerksamkeit zu beachten sind. Zwar konnte in vielen prinzipiellen

Aussagen auf die Ergebnisse früherer Arbeiten zurückgegriffen werden. Es mußten jedoch auch eigene Versuche durchgeführt werden, damit einmal die Ergebnisse mit den zur Klärung des Verformungseinflusses durchgeführten Untersuchungen vergleichbar werden und damit zum anderen über die aus früheren Arbeiten vorliegenden Untersuchungsergebnisse hinaus weitere Einflußgrößen mit berücksichtigt werden konnten. Wenn auch diese Untersuchungen bisher nur soweit durchgeführt wurden, als es zu einer prinzipiellen Klärung der Zusammenhänge notwendig und zu einer größenordnungsmäßigen Einstufung dieser Einflußfaktoren erforderlich war, erscheint es doch sinnvoll, bereits über diesen Stand der Untersuchungen zusammenfassend zu berichten.
Besonderes Augenmerk wurde bei den Versuchen vor allem auf die Anzeigeempfindlichkeit und Genauigkeit der Schneidenprüfungen gelegt. Diese Frage ist in allen früheren Arbeiten bisher unberücksichtigt geblieben, erscheint aber im Hinblick auf eine sinnvolle Weiterentwicklung derartiger Prüfverfahren als besonders vorrangig. Im vorliegenden Bericht sind die vom Prüfling (Messer) herrührenden Einflüsse (geometrische Formen, Materialzustand) berücksichtigt worden. Die Einflüsse von seiten des Prüfverfahrens selbst (z. B. Schnittkraft, Schnittgeschwindigkeit und anderes) sind in einem anderen Bericht zusammengestellt worden [1].

III. Einflüsse der geometrischen Form

1. Zusammenstellung der bisherigen Erkenntnisse

Die Gestaltung der geometrischen Form, besonders des Querschnittes eines Messers, bietet weitreichende Möglichkeiten zur Beeinflussung der Schneideigenschaften. Hierzu zählen insbesondere der Winkel an der Schneide, Keilwinkel genannt, wie auch die Klingendicke. Darüber hinaus sind durch die Schartigkeit der Schneide wie auch durch eine an ihr auftretende Gratbildung weitere Beeinflussungsmöglichkeiten gegeben. So nimmt es nicht wunder, daß in früheren Arbeiten über Fragen der Schneideigenschaften versucht wird, diese Einflußgrößen zu erfassen und sie in der Auswirkung auf die Schneideigenschaften zu kennzeichnen. Bereits HONDA und TAKAHASI [2] weisen darauf hin, daß mit stumpferen Keilwinkeln die Schneidfähigkeit verschlechtert wird. Prinzipiell gleiche Ergebnisse werden auch in den Arbeiten von KNAPP [3] und KOLBERG [4] wiedergegeben. Die Ergebnisse sind allerdings untereinander nicht vergleichbar, da die von den Verfassern zugrunde gelegten Prüfbedingungen verschieden waren. Weitere Versuche in diesen Arbeiten befaßten sich mit dem Einfluß der Klingendicke, wobei übereinstimmend festgestellt wurde, daß mit zunehmender Klingendicke eine Verschlechterung der Schneideigenschaften vorlag. Erst in der Arbeit von STÜDEMANN und MÜCHLER [5] werden auch die durch die Schartigkeit und die Gratbildung gegebenen Einflüsse näher untersucht. Dabei bleibt zu bemerken, daß diese Einflüsse besonders stark zu Beginn des Schneidens zur Auswirkung kommen und nach einer gewissen Abstumpfung kaum noch spürbar sind. STÜDEMANN und MÜCHLER umgehen diese nur anfangs deutlich wirksamen Einflüsse durch die Methode ihrer Prüfung, bei der bewußt eine sehr viel schärfere Abstumpfung der Schneide vorgenommen wird, so daß die Anfangswerte gar nicht so fein abgestuft aufgenommen werden, als daß die genannten Einflüsse noch in stärkerem Maße zur Auswirkung kämen. Alles in allem mögen diese kurzen Hinweise genügen, um zu zeigen, daß zwar die veränderlichen Bedingungen bekannt sind und auch zum Teil überprüft wurden, daß jedoch weiterführende Folgerungen aus den Ergebnissen dieser Untersuchung bisher nicht gezogen worden sind. Da insbesondere die Erzielung irgendwelcher absolut gültiger Versuchsergebnisse bisher noch nicht möglich war – dazu wird in einer anderen Arbeit ausführlicher Stellung genommen [1] –, sind letztlich alle Untersuchungen auf ein Vergleichen der Ergebnisse untereinander angewiesen. Hierbei müssen zwangsläufig alle auftretenden Einflüsse soweit wie irgend möglich konstant gehalten werden, so daß nur eine Veränderung des zu untersuchenden Einflusses erfolgt. Dazu ist es aber erforderlich, daß alle möglichen Einflüsse aufgedeckt werden und daß sie in ihrem Ausmaß auf die Prüfergebnisse untersucht werden. Nur so ist auch die Möglichkeit gegeben, die besten Maßnahmen zur Beseitigung oder Fixierung solcher Einflüsse zu finden.

2. Einfluß von Keilwinkelgröße und Klingendicke

a) Schwierigkeiten in der Reproduzierbarkeit der Prüfergebnisse an Klingen, die aus der üblichen Fabrikation stammen, und an Klingen, die nachträglich noch beidseitig abgezogen wurden

Klingendicke und Keilwinkel sind zwei für die Schneideigenschaften sehr wesentliche Faktoren. So ist es nicht verwunderlich, daß gerade diesen Einflußgrößen bereits in früheren Arbeiten in besonderem Maße nachgegangen wird. Besonders KOLBERG [4] befaßt sich eingehend mit dem Einfluß des Abzugswinkels auf die Ergebnisse der Schneideigenschaftsprüfungen. Im nachfolgenden soll zunächst aufgezeigt werden, wie sich von der Fabrikation her diese Einflüsse geltend gemacht haben und wie in eigenen Versuchen einige für die Prüfverfahren wichtige Erkenntnisse gewonnen wurden.

Bei den Untersuchungen über den Einfluß von Formgebung und Wärmebehandlung wurden Messer aus gleichem Material in verschiedener Weise hergestellt und anschließend unter gleichen Bedingungen gehärtet. Die Herstellung dieser Versuchsklingen wurde ganz bewußt rein fabrikatorisch durchgeführt. Auch der Abzug der Klingenschneide erfolgte in der allgemein üblichen Weise. Eine große Anzahl dieser Messer wurde mit dem Verfahren von STÜDEMANN und MÜCHLER auf ihre Schneideigenschaften untersucht. Das Ergebnis war nicht auszuwerten, da die Werte sehr stark streuten und dadurch sich auch kein Einfluß der verschiedenen Formungsmethoden abzeichnete. Die Abb. 1 zeigt den Streubereich, in dem die Ergebnisse liegen. Dargestellt ist der Anstieg der Schnittkraft in Abhängigkeit von der Menge des durchschnittenen Materials (aufgetragen in Anzahl der Um-

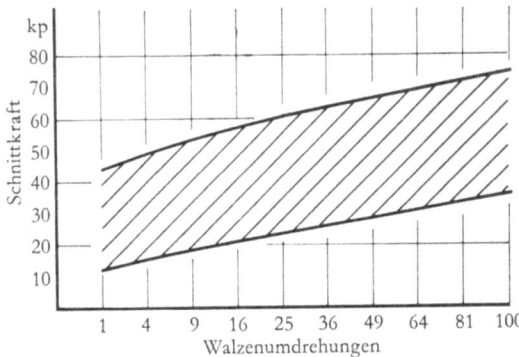

Abb. 1 Schneidprüfungen nach dem Verfahren von STÜDEMANN und MÜCHLER
Ergebnisse von Untersuchungen an Messern aus der Produktion mit unterschiedlichen Schneidenwinkeln

drehungen der Walze, die den Prüfwerkstoff kontinuierlich dem Messer zuführt). Nach den Versuchen wurden die aus der Produktion stammenden Messer mittels einer Vorrichtung mit einem fast gleichen Keilwinkel von ca. 30° abgezogen und erneut geprüft. Die Ergebnisse, die in Abb. 2 wiedergegeben sind, zeigen ein ganz anderes Bild als bei den vorangegangenen Versuchen. Es ist hier fast keine Streuung mehr zu verzeichnen. Die Klingen weisen bei diesem Prüfverfahren also fast gleiches Schneidverhalten auf.

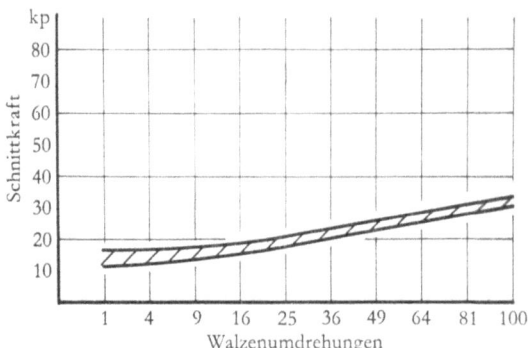

Abb. 2 Schneidprüfungen nach dem Verfahren von STÜDEMANN und MÜCHLER
Ergebnisse an Messern mit 30° Schneidenwinkel

Eigene Versuche zur Klärung dieses Umstandes sollten bewußt die Gegebenheiten der Praxis berücksichtigen.

Aus diesem Grunde wurden von drei Schleifern verschiedener Firmen einige Messer abgezogen. An diesen Messern wurden anschließend die Keilwinkel bestimmt. In Tab. 1 sind die Ergebnisse dieser Messungen wiedergegeben.

Tab. 1 Winkel an der Schneide von Messern aus der Produktion

Messer	Winkel 1	Winkel 2	Winkel 3	Dicke [mm]	Schleifer
1	91°	127°	152°	0,17	1
2	87°	127°	154°	0,10	1
3	89°	127°	155°	0,10	1
4	89°	126°	153°	0,11	1
5	92°	126°	153°	0,24	1
6	94°	132°	150°	0,26	1
7	57°	152°	158°	0,14	2
8	57°	151°	159°	0,16	2
9	52°	159°	159°	0,17	2
10	54°	152°	161°	0,08	2
11	66°	146°	158°	0,22	3
12	70°	148°	151°	0,10	3
13	68°	146°	153°	0,13	3
14	63°	149°	154°	0,13	3

Die Skizze in Abb. 3 zeigt die Lage der aufgeführten Winkel.

Dabei fällt zunächst deutlich auf, daß jeder Schleifer für sich mit einer, für diese ohne jede Vorrichtung vorgenommene Arbeit, erstaunlich guten Gleichmäßigkeit gearbeitet hat. Interessehalber ließ man von den Schleifern 2 und 3 zu einem späteren Zeit-

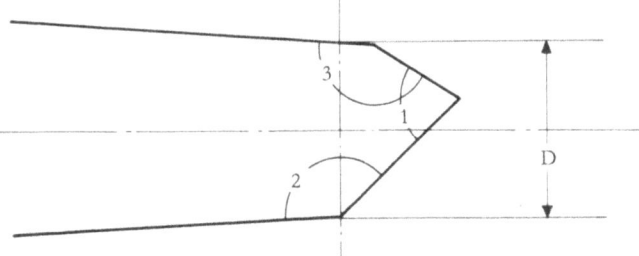

Abb. 3 Skizze der Winkel an der Schneide (zu den Tab. 1 und 2)

punkt nochmals einige Messer abziehen (Messer 15–20). Die entsprechenden Ergebnisse sind in Tab. 2 aufgetragen. Wenn auch gegenüber den vorangegangenen Ergebnissen die Keilwinkel nunmehr absolut (zwar nur geringfügig) unterschiedlich lagen, so ist doch der Unterschied zwischen den von den beiden Schleifern gefertigten Keilwinkeln ziemlich gleich beibehalten.

Tab. 2 Winkel an der Schneide von Messern aus der Produktion

Messer	Winkel 1	Winkel 2	Winkel 3	Dicke [mm]	Schleifer
15	49°	155°	159°	0,06	2
16	56°	154°	159°	0,18	2
17	55°	152°	160°	0,14	2
18	62°	147°	158°	0,13	3
19	64°	148°	161°	0,12	3
20	61°	150°	158°	0,16	3

Wie von der Praxis zur Größe des Keilwinkels angegeben wird, soll diese nicht zuletzt von der Dicke des betreffenden Messers abhängig sein, und zwar in der Weise, daß bei dickeren Messern für gewöhnlich ein stumpferer Winkel angeschliffen wird. Das soll den Zweck verfolgen, die Abzugsfläche gegenüber der feingepließteten oder gar polierten Oberfläche der Klinge nicht allzu auffällig werden zu lassen und sie damit möglichst klein zu gestalten.
Die Abb. 4–7 zeigen in Skizze (Abb. 4) und Ansicht (Abb. 5–7) den Einfluß des Abzuges unter spitzem und stumpfem Winkel auf das Aussehen eines Messers. Der bei den vorliegenden Untersuchungen nur geringfügige Unterschied der Keilwinkel, innerhalb in den von den einzelnen Schleifern bearbeiteten Gruppen, scheint die gemachten Ausführungen über den Abzugswinkel aber nicht zu bestätigen, daß bei den dickeren Messern 1, 5 und 6 ein etwas größerer Winkel angeschliffen worden ist, dürfte wohl von dem Schleifer unbeabsichtigt erfolgt sein, ebenso an anderer Stelle Messer 11 in Vergleich der Gruppe des Schleifers 3. Andererseits hat das Messer 10 in der Gruppe des Schleifers 2 einen ebenso gleichen Abzugswinkel wie die anderen Messer in dieser Gruppe des Schleifers 2. Wenn

auch die Anzahl der durchgeführten Messungen keineswegs genügt, um daraus allgemeingültige Schlüsse ziehen zu können, so darf doch wohl angenommen werden, daß in dem untersuchten Bereich die Keilwinkelgröße kaum bewußt durch die Dicke des Messers beeinflußt wird. Eher schon liegen Streuungen der Winkelgröße vor bei Abzügen, die vom gleichen Schleifer zu verschiedenen

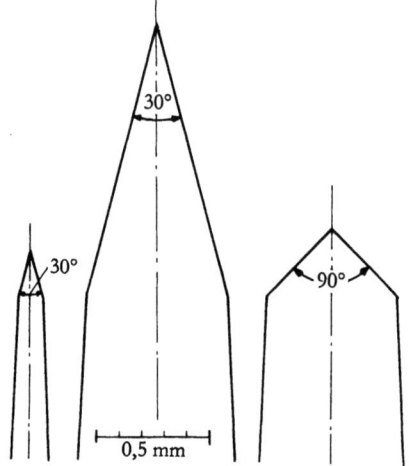

Abb. 4 Skizze der Messerquerschnitte zu den Abb. 5–7

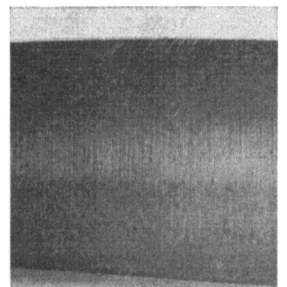
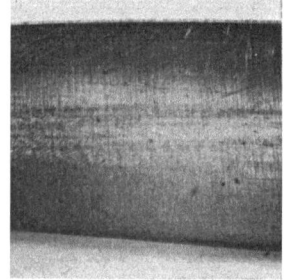

Abb. 5 Keilwinkel 30° 0,1 mm dick
Abb. 6 Keilwinkel 30° 0,62 mm dick 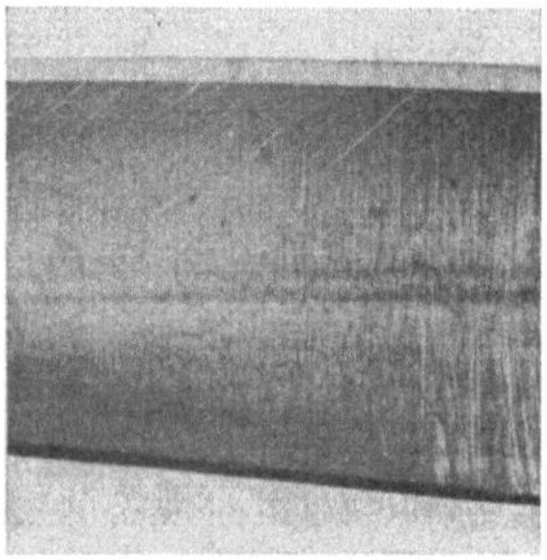
Abb. 7 Keilwinkel 90° 0,56 mm dick

Zeiten durchgeführt wurden. Auffallender sind aber die sehr starken Unterschiede in den Abzugswinkeln, die durch das unterschiedliche Arbeiten verschiedener Schleifer entstanden sind. Aus den bisherigen Ausführungen geht hervor, daß von der betrieblichen Fertigung her mit sehr großen Unterschieden in der Ausbildung des Abzugswinkels gerechnet werden muß.

Wenn dennoch, obwohl hier nicht beobachtet, in der Praxis bei dickeren Messern ein stumpfer Winkel angeschliffen wird, so dürfte es im Hinblick auf gute Schneideigenschaften zweckmäßig sein, möglichst dünne Klingen herzustellen. Das ergab sich aus der Prüfung der Messer, die zeigten, daß die ungünstigeren Schneideigenschaften eines dickeren Messers (bei beidseitigem Abzug) durch die Wahl eines stumpferen Winkels noch zusätzlich erheblich verschlechtert werden.

b) Eigene Untersuchungen

Für die eigenen Untersuchungen wurden auf Grund der beschriebenen Beobachtungen Keilwinkel von 30, 60 und 90° vorgesehen. Für den größenordnungsmäßigen Vergleich zu den Untersuchungen, die im Hinblick auf den Einfluß der verschiedenen Herstellungsarten durchgeführt worden waren, wurden deshalb Messer gleicher Dicke zugrunde gelegt. Die Ergebnisse sind in Abb. 8 aufgeführt. Der Versuch wurde nach dem Verfahren von STÜDEMANN und MÜCHLER durchgeführt, weil sich hier bei den vorangegangenen Prüfungen mit gleichem Keilwinkel keine großen Streuungen mehr gezeigt hatten.

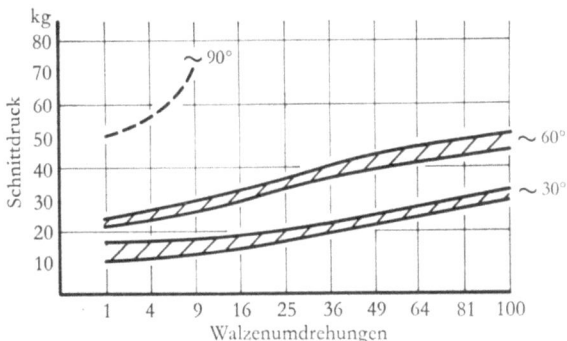

Abb. 8 Schneidprüfungen an Messern mit verschieden großen Keilwinkeln nach dem Verfahren von STÜDEMANN und MÜCHLER

Als wesentliches Ergebnis dieser Untersuchung zeigt sich, daß, wie es bereits auch schon in früheren Arbeiten zum Ausdruck gekommen ist, mit zunehmend stumpferen Keilwinkeln der Anstieg der Schneideigenschaftskurve erheblich steiler wird. Trotzdem erscheint es nach den bisherigen Erfahrungen zweifelhaft, daß die Schneiden als solche durch die Vergrößerung des Keilwinkels so erheblich schlechter werden sollen, wie es diese Kurven zunächst andeuten.

Um das beim Versuch aufgezeigte, etwas unwahrscheinliche Verhalten nachzuprüfen, wurden Versuche mit dem Verfahren nach KNAPP durchgeführt. Bei diesem Verfahren wird die Schneidfähigkeit in der Auftragung gekennzeichnet als die zum Durchschneiden eines einzelnen Blattes Prüfwerkstoff erforderlichen Hübe, die bei hin- und hergehendem Schnitt bezogen werden auf die Tiefe des Eindringens der Schneide in den Prüfwerkstoff (Block aus aufeinandergelegten Kartonstreifen). Die in Abb. 9 gezeigten Ergebnisse lassen deutlich erkennen, daß mit zunehmendem Eindringen ständig mehr Hübe erforderlich werden, um den Prüfwerkstoff abzutrennen. Das ist jedoch nur zu einem sehr geringen Teil auf Abstumpfung zurückzuführen. Letzteres könnte nur dann als Hauptursache angesehen werden, wenn unabhängig von der Eindringtiefe ständig eine weitere Steigerung der Hubzahl erfolgen würde. Hier dagegen sind jedoch bei neuem Ansetzen zum Schneiden des ersten Streifens (Tiefe 0–0,25 mm) wieder wesentlich weniger Hübe als vorher bei dem tieferen Einschneiden erforderlich, wie es die

Abb. 9 durch die Kurve für das Durchschneiden des zehnten Querschnittes, also nach einer Abstumpfung, durch bereits neun Querschnitte, deutlich zeigt.

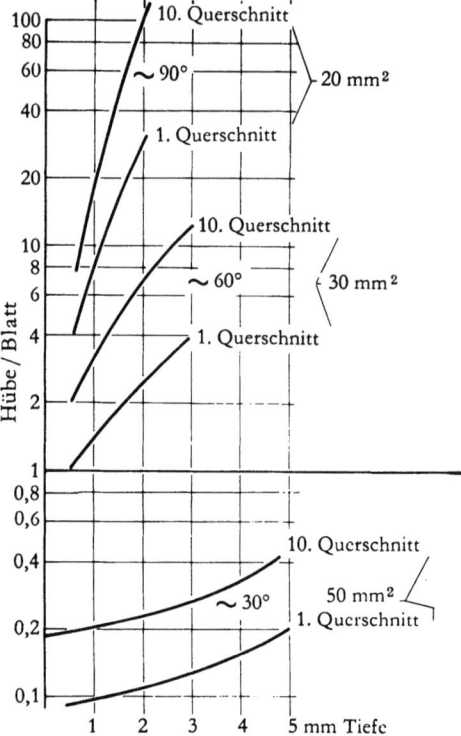

Abb. 9 Schneidprüfungen an Messern mit verschieden großen Keilwinkeln nach dem Verfahren von KNAPP

Um dieses Schneidverhalten richtig beurteilen zu können, muß man in die Betrachtungen die Keilwinkelflächenausbildung mit einbeziehen. Diese Flächen stehen beim Schneiden in intensivem Eingriff mit dem Prüfwerkstoff. Dabei wird die Fläche, die zur Einspannseite des Prüfwerkstoffes hingerichtet ist, mit zunehmendem Eindringen ständig mehr in Eingriff kommen, bis sie – je nach Winkel und Klingendicke – schließlich vollständig in den Prüfwerkstoff eingedrungen ist. Die an der anderen Klingenseite liegende Fläche wird jedoch maximal jeweils nur um einen Betrag, der der Dicke eines Streifens des Prüfwerkstoffes entspricht, im Eingriff stehen. Diese unterschiedliche Beanspruchung ist in Abb. 10 wiedergegeben. Da insbesondere der zur Einspannseite liegende Prüfstoff der Einwirkung der Keilwinkelfläche kaum ausweichen kann, muß hierdurch unabhängig von der Güte der eigentlichen Schneide eine Einflußnahme auf das Gesamtprüfergebnis erfolgen. Von der aufgebrachten Prüflast wird ein mehr oder weniger großer Anteil durch die Flächen aufgenommen, wodurch die eigentliche Schneidenkante jeweils sehr unterschiedlichen Belastungseinflüssen ausgesetzt ist. Durch die dabei auftretende Querkraft wird die Klinge abhängig von ihrer Dicke, jedoch im allgemeinen nur sehr geringfügig, elastisch weggedrückt.

Die Keilwinkelfläche muß sich aber durch den auf Grund der Einspannung ziemlich unverrückbar im Wege stehenden Prüfwerkstoff hindurcharbeiten. Sie erzeugt dabei vermittels einer mehr oder minder großen Rauhigkeit ihrer Fläche einen Abrieb des Prüfwerkstoffes.

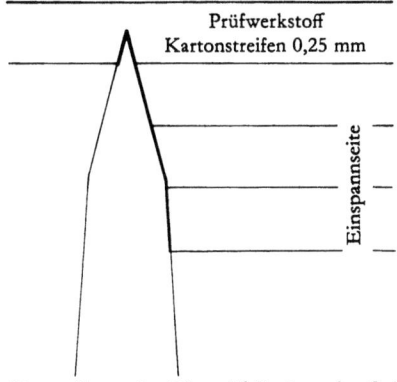

Abb. 10   Schematische Darstellung der Eingriffsflächen der Schneide im Prüfwerkstoff, der Prüfwerkstoff wird dem Prüfverfahren entsprechend auf die hin- und hergehende Schneide gedrückt

Hierbei wird zweifellos die Rauhigkeit der Fläche eingeebnet. Es wird demzufolge eine ständig steigende Anzahl der Hübe erforderlich, um den Durchgang zu erreichen. Die Abb. 11–13 zeigen diesen Einfluß sehr deutlich. In Abb. 11 ist eine

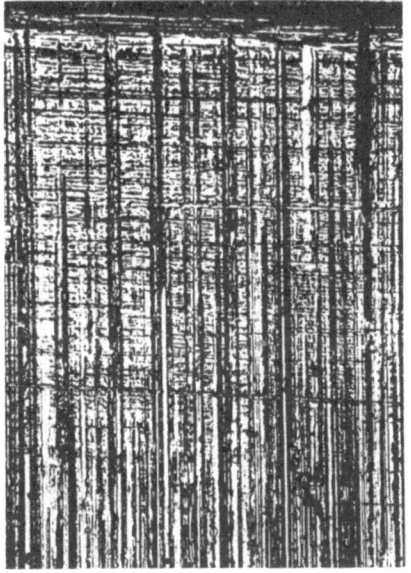

Abb. 11   Schneidenfläche vor der Schneidprüfung

Abb. 13   Schneidenfläche nach der Schneidprüfung. Von der Einspannseite abgekehrte Fläche

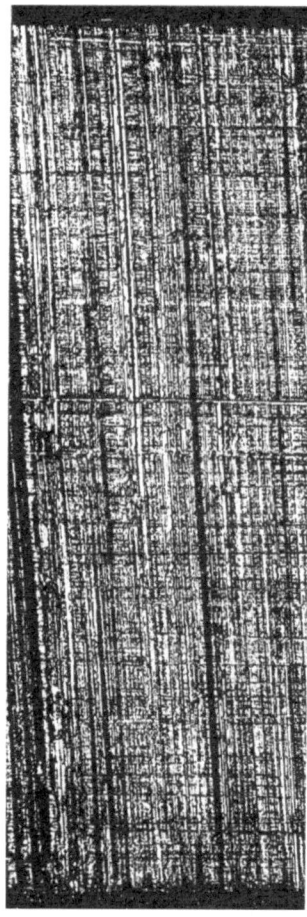

Abb. 12 Schneidenfläche nach der Schneidprüfung, Fläche an der Einspannseite

Keilwinkelfläche vor der Schneidenprüfung wiedergegeben. In Abb. 12 wird die der Einspannseite zugekehrte Keilwinkelfläche nach erfolgter Schneidenprüfung gezeigt. Sie zeigt von der Schneide bis zum Übergang zur Wate durchgehend Schleifriefen längs zur Schneide, die durch den Verschleißprozeß am Prüfwerkstoff hervorgerufen worden sind. Die Abb. 13 gibt schließlich die von der Einspannseite weggekehrte Fläche, bei der diese Schleifspuren nur bis zu einer gewissen Höhe vorhanden sind, wieder.

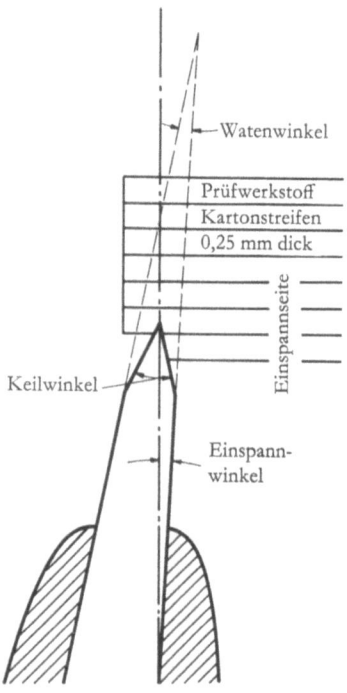

Abb. 14 Schematische Darstellung der Lage der eingespannten Klinge

Aus der Prinzipskizze in Abb. 14 sind die geometrischen Verhältnisse bei der eingespannten Klinge zu ersehen. Die freischneidende Keilwinkelfläche, von der Einspannseite abgekehrte Fläche, steht demnach unter einem Winkel zur Senkrechten, der sich folgendermaßen zusammensetzt:

$$\tfrac{1}{2} \text{ Keilwinkel} + \tfrac{1}{2} \text{ Watenwinkel} + \text{Einspannwinkel}$$

Der Keilwinkel beträgt bei dem vorliegenden Messer 30°. Der Watenwinkel ist bei derartigen Messern rd. 5°. Der Einspannwinkel beträgt 2,5°. Es ergibt sich mithin ein Winkel für die freischneidende Keilwinkelfläche von

$$\text{ca. } ^{30}/_2 + ^{5}/_2 + 2{,}5 = 20°.$$

Daraus errechnet sich die ungefähre Höhe der maximal mit einem Blatt von 0,25 mm des Prüfwerkstoffes in Eingriff stehenden Fläche zu

$$0{,}25 \cdot \frac{1}{\cos 20°} = \text{ca. } 0{,}27 \text{mm}.$$

Aus der Aufnahme (Abb. 13) läßt sich diese Höhe zu ungefähr 55 mm ermitteln. Unter Berücksichtigung der gewählten 200fachen Vergrößerung ergibt sich damit eine gute Übereinstimmung mit dem errechneten Wert.

Diese Darstellung läßt sehr schnell erkennen, daß mit zunehmender Dicke und größer werdendem Keilwinkel die Flächenanteile größer werden und dementsprechend zu anderen Schneidenprüfergebnissen führen. Außerdem sind noch weitere Einflußmomente von Bedeutung. So spielt außer der eigentlichen Keilwinkelgröße auch die Lage des Abzuges (s. Abb. 3) eine Rolle. Wie bereits in den Tab. 1 und 2 aufgeführt, handelt es sich bei dem in der betrieblichen Praxis angeschliffenen Keil selten um ein symmetrisches Gebilde. Damit können aber selbst bei gleicher Winkelgröße sehr unterschiedliche Bedingungen bei einer Prüfung auftreten. Die in den Prüfwerkstoff eingreifenden Flächen können zum Beispiel unter ganz verschiedenen Winkeln stehen und so die Prüfergebnisse unterschiedlich beeinflussen.

Bei dem für die durchgeführten Untersuchungen erfolgten Abzug ist eine hinreichend symmetrische Lage des Winkels gegeben. Eine andere Größe kann jedoch auch hier niemals ganz konstant gehalten werden. Es handelt sich dabei um die Lage der Winkelhalbierenden zur Achse des Messerquerschnittes. KOLBERG kennzeichnet diese von der vollständigen Symmetrie (Abb. 15a) abweichende Keilwinkelausbildung als verschobenen Keilwinkel (Abb. 15b).

Eine der Flächen des verschobenen Keilwinkels ist zur Einspannseite des Prüfwerkstoffes hin gerichtet und steht fast während des gesamten Schneidvorganges in Eingriff mit dem Prüfwerkstoff. Dabei wird von dieser Fläche auch eine mehr oder weniger große Kraftkomponente von der Gesamtkraft, mit der die Klinge gegen den Prüfwerkstoff gedrückt wird, aufgenommen. Wenn nun aber die Größe der Einwirkfläche verschieden ausfällt, ist die Kraftkomponente, die an der eigentlichen Schneidkante wirkt, nicht konstant zu halten, wodurch keine gleichbleibenden Bedingungen bei der Prüfung vorliegen. Unterschiede in den Ergebnissen sind demnach trotz gleicher Klingendicke und Winkelgröße nicht zu vermeiden. Es muß außerdem noch auf einen weiteren Einfluß hingewiesen werden, der sich daraus ergibt, daß die Klingenflächen unter einem Winkel zueinander stehen und nicht eben, sondern mehr oder weniger ballig ausgebildet sind. Die

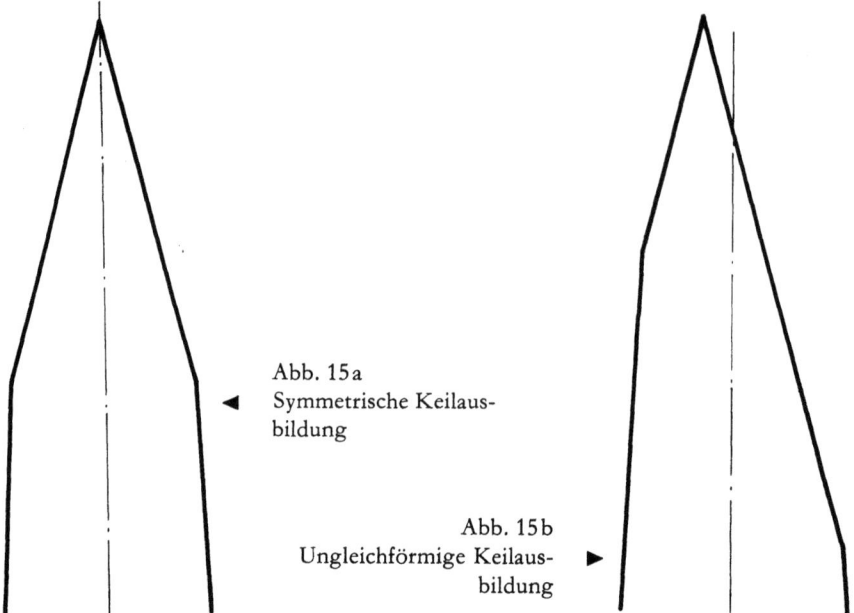

◄ Abb. 15a
Symmetrische Keilausbildung

Abb. 15b
Ungleichförmige Keilausbildung ►

Bearbeitung dieser Flächen durch Schleifen erfolgt im wesentlichen von Hand, wodurch niemals geometrische gleiche Formen erzielt werden. Dadurch läßt sich selten die Klinge bei der Schneidenprüfung unter jeweils gleichem Winkel einspannen. Teilweise ist die Balligkeit der Waten sogar so stark, daß die Klingen unterhalb des Keilwinkels nicht gleich freischneiden, sondern noch am Prüfwerkstoff reiben, wie durch Schleifspuren festgestellt werden konnte.

Diese bereits nur an einem bestimmten Querschnitt der Klinge zu beobachtenden geometrischen Verhältnisse sind außerdem nicht konstant über der Länge der Klinge, sondern zeigen sich zum Teil mit der Länge sehr veränderlich. So wurden besonders bei der Messung der Klingendicke (gemessen am Übergang des Abzuges zur Wate) im Bereich des geprüften Schneidenabschnittes zum Teil erhebliche Differenzen festgestellt. Dadurch wird erklärlich, daß die für einwandfrei vergleichbare Ergebnisse notwendige Gleichmäßigkeit an Klingen aus der Produktion niemals vorgefunden werden kann und damit auch eine eindeutige Festlegung der Verhältnisse kaum möglich wird. Sofern Prüfergebnisse an ein und derselben Klinge verglichen werden sollen, muß noch berücksichtigt werden, daß bei erneutem Abziehen der Klingen diese am Übergang des Abzuges zur Wate dicker werden.

Über die absolute Größe der angedeuteten Einflüsse sind keine Untersuchungen durchgeführt worden. Es wurden für die weiteren Versuche jedoch die hier erkannten Einflüsse durch geeignete Maßnahmen soweit wie irgend möglich ausgeschaltet oder konstant gehalten.

c) Versuche an einseitig abgezogenen Klingen

Die im vorstehenden beschriebenen Versuche und Überlegungen zeigten, daß bei Schneidprüfungen an Klingen üblicher geometrischer Form eine Reihe von Einflüssen auftritt, die z. T. nicht einmal reproduzierbar sind und welche die zu untersuchenden Qualitätsunterschiede überdecken können. Aus dieser Erkenntnis heraus wurden für weitere Versuche besonders geformte Versuchsklingen verwendet. Wesentliche Merkmale dieser Klingen sind dabei planparallele Seitenflächen (entsprechend Wate) und einseitiger Abzug (Abb. 16).

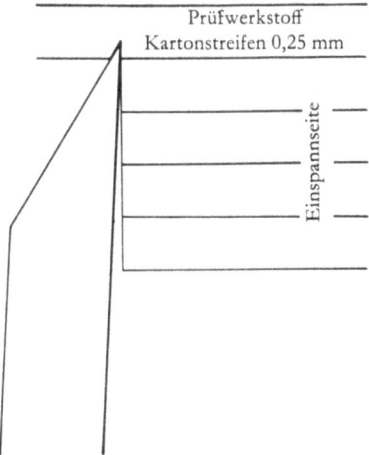

Abb. 16 Schematische Darstellung einer einseitig abgezogenen Versuchsklinge
Der Prüfwerkstoff wird entsprechend der Versuchsanordnung auf die hin- und hergehende Schneide gedrückt

Durch die Parallelität der Flächen wird gewährleistet, daß bei häufigerem Abziehen der Schneide keine Änderung der Klingendicke erfolgt, beim Einspannen der Klinge einwandfrei reproduzierbare Verhältnisse erzielt werden und durch die zur Einspannseite des Prüfwerkstoffes hin liegende Fläche keine Beeinträchtigung der Prüfung durch unkontrollierbare Reibungseinflüsse (wie sie bei balligen Waten möglich waren) auftritt. Außerdem ist der Abzug der Schneide durch glattes Anliegen der Fläche auf der Vorrichtung (im Gegensatz zu balliger Wate) genauer einzuhalten. Der einseitige Abzug führt zu stets gleichen geometrischen Verhältnissen (im Hinblick auf den Winkel). Weiterhin entfällt die im Eingriff stehende Fläche zur Einspannseite hin, die in ihrer Größe doch nicht vollkommen gleichförmig gehalten werden könnte. Damit entfallen hier unkontrollierbare Reibungsverluste zwischen dieser Fläche und dem Prüfwerkstoff. Weiterhin sind die geometrischen Verhältnisse über der ganzen Prüflänge der Klinge gleichbleibend. Mit derartig geformten Klingen wurden eine Reihe von Schneidprüfungen durchgeführt und dabei auch die Größe des Keilwinkels variiert. So wurden Messer aus zwei verschiedenen Materialien in ihren Schneideigenschaften verglichen, und zwar einmal Messer mit einem Schneidenwinkel von 30° und zum anderen solche mit 45° Schneidenwinkel. Die übrigen Prüfbedingungen – 2 kp Schnittkraft und 60 mm Hub bei rd. 4 m/min mittlerer Schnittgeschwindigkeit – wurden konstant gehalten. Die Ergebnisse sind in den Abb. 17 und 18 aufgezeigt. Wie bereits in den früheren Arbeiten nachgewiesen wurde, sind auch hier deutlich schlechtere Schneideigenschaften durch den stumpferen Winkel festzustellen. Die Unterschiede in den Ergebnissen der verschiedenen Messerwerkstoffe sind in ihrer Deutlichkeit durch die Veränderung des Winkels jedoch kaum beeinträchtigt worden.

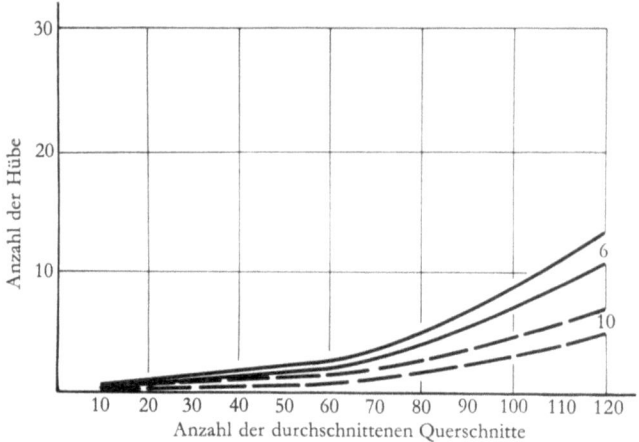

Abb. 17   Schneidprüfungen nach dem Verfahren von KNAPP
Schnittdruck 2 kp, Hublänge 2×60 mm, Keilwinkel 30°

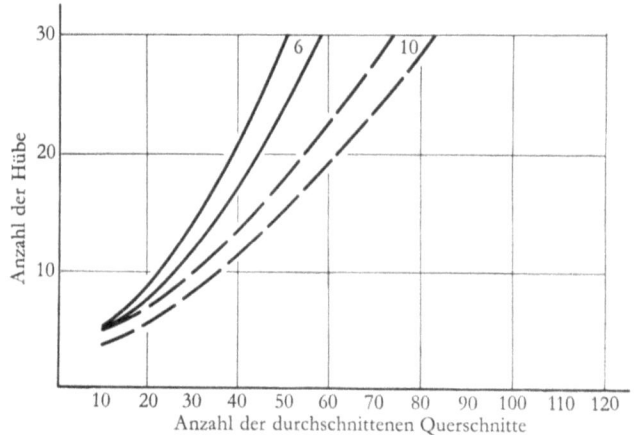

Abb. 18   Schneidprüfungen nach dem Verfahren von KNAPP
Schnittdruck 2 kp, Hublänge 2×60 mm, Keilwinkel 45°

Wesentliche Änderungen ergaben sich, wenn bei denselben Messern eine Prüfung mit einer geringeren mittleren Schnittgeschwindigkeit, und zwar von rd. 2 m/min und einem entsprechend kleineren Hub von 30 mm bei einer Schnittkraft von 3 kp geprüft wurde. So lassen die Prüfergebnisse an den unter 30° abgezogenen Messern (Abb. 19) einen nur geringfügigen Unterschied zwischen den beiden verschiedenen Materialien zunächst erkennen. Erst nach über 100 durchschnittenen Prüfwerkstoffblöcken macht sich eine Unterscheidung deutlicher bemerkbar. Dagegen führt die Prüfung an Messern mit einem Winkel von 45° schon bei kleinen Versuchsdurchgängen zu sehr starken Unterschieden in den Ergebnissen (Abb. 20).

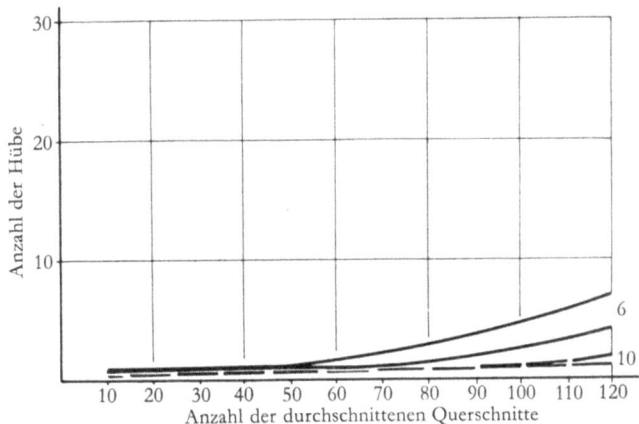

Abb. 19   Schneidprüfungen nach dem Verfahren von KNAPP
Schnittdruck 3 kp, Hublänge 2×30 mm, Keilwinkel 30°

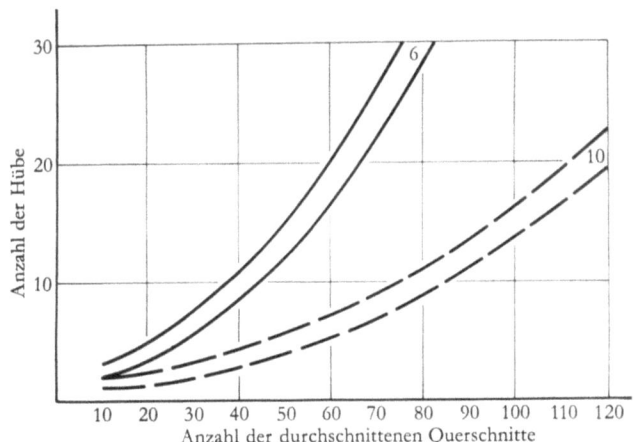

Abb. 20   Schneidprüfungen nach dem Verfahren von KNAPP
Schnittdruck 3 kp, Hublänge 2×30 mm, Keilwinkel 45°

Diese Beispiele zeigen, daß auch durch die Größe des Keilwinkels eine Beeinflussung der Anzeigeempfindlichkeit des Prüfverfahrens möglich ist. Darüber hinaus läßt sich ersehen, in wie starker gegenseitiger Abhängigkeit die verschiedenen Prüfbedingungen – Schnittkraft, Schnittgeschwindigkeit, Hublänge und auch Keilwinkel – untereinander stehen. Es muß einer Reihe von späteren Arbeiten vorbehalten bleiben, die umfangreichen Untersuchungen durchzuführen, die zu einer Klärung dieser Wechselwirkung aller Einflußgrößen verhelfen.

3. Die Schartigkeit der Schneide

Der Abzug der Schneide eines Messers erfolgt gewöhnlich an Schleifscheiben. Die Schnittkante der beiden Abzugsflächen (Schneide) ist, je nach Rauhigkeit dieser Flächen, mehr oder weniger stark schartig. Diese Schartigkeit ist dabei letztlich von der Körnung des verwendeten Schleifmaterials und der Schleifgeschwindigkeit abhängig. Außerdem spielt auch der Winkel, unter dem sich diese Flächen schneiden, eine wichtige Rolle. STÜDEMANN und MÜCHLER [5] erwähnen darüber hinaus auch den wichtigen Zusammenhang der Schartigkeit mit dem Materialzustand, insbesondere mit der Korngröße des Klingenwerkstoffes.

Daß der Einfluß der Schartigkeit bisher in keiner umfassenden Untersuchung eindeutig geklärt worden ist, liegt nicht zuletzt daran, daß während des Schneidens keine Messungen der Schartigkeit möglich sind und alleine aus den Endzuständen nach der Prüfung keine hinreichenden Aussagen abgeleitet werden können.

Bei den eigenen Untersuchungen wurden zunächst Schartigkeitsaufnahmen vorgenommen, um zu gewährleisten, daß durch Einhaltung gleicher Abzugsbedingungen stets eine ziemlich gleiche Anfangsschartigkeit vorlag, um von dieser Seite keine unkontrollierbaren Einflüsse auf die Schneidprüfergebnisse zu bekommen.

An einigen Klingen wurde auch der Endzustand, d. h. die Schartigkeit nach der Prüfung des Messers, beobachtet. Es zeigte sich, daß z. B. bei Anwendung einer Schnittkraft von 2 kp und Zerschneiden von 100 Prüfstoffquerschnitten von 0,5 cm^2, die mit ca. 2000 Hüben von 2×30 mm Schnittweg zertrennt wurden, nach dem Versuch praktisch keine Schartigkeit mehr festzustellen war. Die Abb. 21 und 22 zeigen Ausgangs- und Endzustand der Schneidenschartigkeit bei diesem Versuch.

Darüber hinaus wurden Abstumpfungsversuche mit höheren Schnittkräften durchgeführt. So wurde mit Schnittkräften von 6 und 10 kp die gleiche Menge Prüfwerkstoff zerschnitten, wofür allerdings entsprechend weniger Hübe, nämlich ca. 230 bzw. 25, von je 2×30 mm Schnittweg erforderlich waren.

Die Abb. 23 und 24 zeigen die Schneidenschartigkeit nach diesen Versuchen. Es wird hier deutlich, daß die Schneidenschartigkeit bei höheren Schnittkräften nicht so schnell abgetragen wird wie bei niederen Schnittdrücken. Dies zeigt, daß der Schnittweg im Hinblick auf die Verminderung der Schartigkeit einen viel größeren Einfluß ausübt als die aufgewendete Kraft. Daß sich diese Abhängigkeit

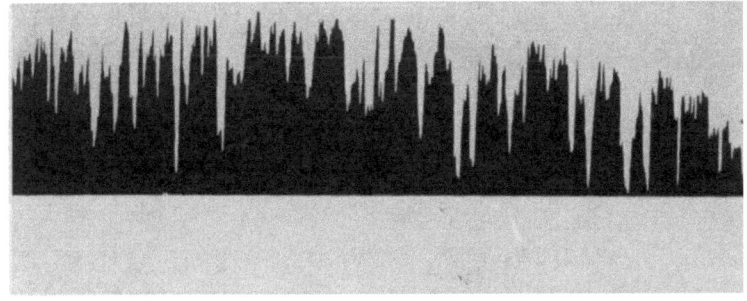

Abb. 21 Vergrößerung: vertikal 1000:1 horizontal 25:1 Schartigkeit der Schneide vor der Prüfung

Abb. 22 Vergrößerung: vertikal 1000:1 horizontal 25:1 Schartigkeit der Schneide nach der Prüfung mit rd. 2000 Hüben von 2×30 mm Schnittweg und einem Schnittdruck von 2 kp

Abb. 23 Vergrößerung: vertikal 1000:1 horizontal 25:1 Schartigkeit der Schneide nach der Prüfung mit rd. 230 Hüben von 2×30 mm Schnittweg und einem Schnittdruck von 6 kp

Abb. 24   Vergrößerung: vertikal 1000:1 horizontal 25:1 Schartigkeit der Schneide nach 25 Hüben von 2×30 mm Schnittweg und einem Schnittdruck von 10 kp

entsprechend in der Schneidhaltigkeit auswirkt, konnte in Schneidversuchen, über die in einer anderen Arbeit berichtet wurde, nachgewiesen werden [1]. Danach ist die Erfüllung einer gleichen Schneidaufgabe (gleiche Menge Schnittgut) bei Anwendung höherer Schnittkräfte günstiger durchzuführen als bei kleineren Kräften und entsprechend längerem Schnittweg.

STÜDEMANN und MÜCHLER beobachten bei ihren Schartigkeitsuntersuchungen aber noch nach einem Zerschneiden von ungefähr der hundertfachen Menge Prüfwerkstoffe eine deutliche Schartigkeit der Schneide. Durch das angewandte Prüfprinzip traten dabei jedoch Schnittkräfte bis rd. 45 kp auf. Bei diesem Versuch wurde aber eine mindestens ebenso große Wegstrecke der Schneide relativ zum Schnittgut erforderlich, wie diese vergleichsweise bei rd. 2000 Hüben von 2×30 mm mit dem Verfahren nach KNAPP gegeben ist. Hier würde dann mit nur 2 kp Schnittkraft und einer viel geringeren Menge Prüfwerkstoff keine Schartigkeit mehr zu verzeichnen sein (Abb. 22). Da bei den Versuchen von STÜDEMANN und MÜCHLER die Abtragung der Schneide bei 0,07–0,08 mm liegt, die tiefsten Einkerbungen der Anfangsschartigkeit aber nur 0,02–0,03 mm betrugen, ist also die noch vorhandene Schartigkeit auf das Ausbrechen von Gefügebestandteilen zurückzuführen. Es muß angenommen werden, daß dieser Effekt durch die übermäßig hohe mechanische Beanspruchung der Schneide hervorgerufen wird und daß er bei sehr geringen Belastungen nur sehr schwach oder gar nicht auftreten würde.

Auf Grund der hier gewonnenen Erkenntnisse werden sich spätere Arbeiten zwangsläufig auch mit der Schartigkeit und ihrer Verminderung beim Schneiden sowie ihrem Zusammenhang mit den Abstumpfungsbedingungen befassen müssen, um die Schneidvorgänge in ihrer vielfäligen Abhängigkeit eindeutig zu kennzeichnen.

4. Einflüsse auf die Schneideigenschaften durch Gratbildung an der Schneide

Die Ausbildung der Schneide wird durch den Vorgang des Abziehens in unkontrollierbarer Weise dadurch beeinflußt, daß sich beim Abzug ein Grat an der Schneide bildet. Diese Gratbildung erfolgt um so stärker, je spitzer der Keilwinkel der Schneide ist. Für die industrielle Fertigung ist diese Gratbildung sogar von einer gewissen Bedeutung, weil der Schleifer, wenn er die zweite Abzugsfläche anschleift, an der deutlich sichtbaren Bildung eines Grates erkennen kann, daß er »durch« ist, d. h. die beiden Abzugsflächen zusammenstoßen und die eigentliche »Schneide« gebildet ist.

Die Abb. 25–27 zeigen verschiedene Aufnahmen von Querschliffen an Schneiden mit Grat. Bei den Untersuchungen konnte auch beobachtet werden, daß bisweilen an einigen Stellen der Schneide der Grat auch noch nach der Schneidprüfung vorhanden war (Abb. 28).

Verschiedentlich bricht auch teils schon beim Abziehen, teils beim Entgraten auf dem Abziehstein dieser Grat ab, wie es die Abb. 29 und 30 veranschaulichen. Diese Angaben zeigen, daß die sogenannte Schneide kein eindeutig definierbares Gebilde ist. Eine makroskopische Beobachtung von außen kann niemals die Beschaffenheit der Schneide in allen Einzelheiten, insbesondere nicht die Größe und Dicke des Grates, oder die Art der entsprechenden Bruchstelle klären. Die Zerstörung der Schneide für die Herstellung eines Querschliffes dagegen macht die Klinge für weitere Schneidversuche unbrauchbar. Außerdem gilt die Aussage eines einzelnen Querschliffes nicht für die gesamte Schneide, wie die Abb. 31 und 32 zeigen mögen, die zwei nur 0,5 mm voneinander entfernt liegende Stellen der gleichen Schneide zeigen.

Somit stellt die Gratbildung einen Einfluß dar, der kaum kontrolliert, noch viel weniger aber reproduziert werden kann. In den durchgeführten Untersuchungen wurde zwar versucht, durch sehr sorgfältiges Arbeiten stärkere Unterschiede zu vermeiden, jedoch waren Streuungen in den Ergebnissen nicht zu verhindern. Dadurch wurde es erforderlich, jede Klinge mehrmals zu prüfen, um verwertbare Ergebnisse zu erhalten. Dabei ergab sich dann trotz der Streuungen eine ausreichende Reproduzierbarkeit der Ergebnisse, die die gewollten Unterschiede im Rahmen der Untersuchungen klar erkennen ließen.

Abb. 25 Grat an der Schneide vor der
         Schneideigenschaftsprüfung
         Vergr. 500:1

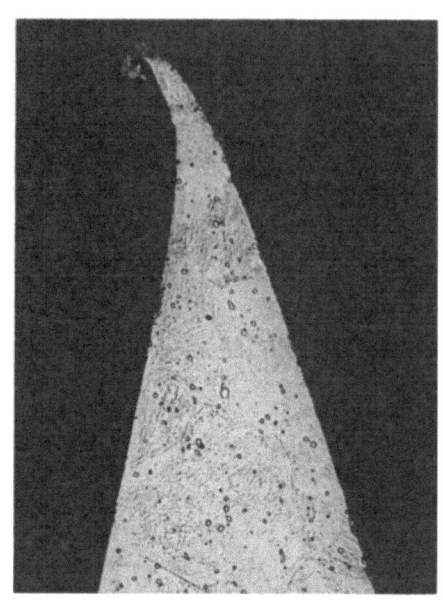

Abb. 26 Grat an der Schneide vor der
         Schneideigenschaftsprüfung
         Vergr. 500:1

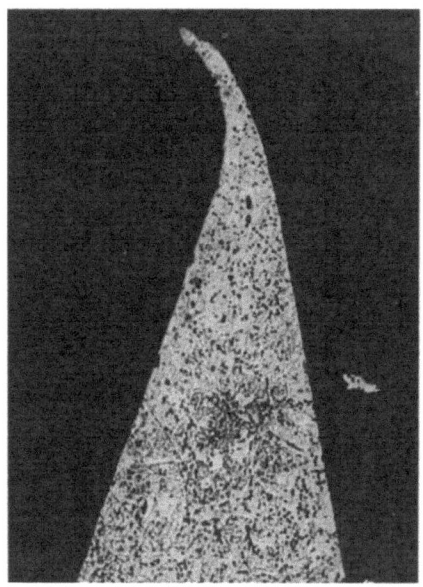

Abb. 27 Grat an der Schneide vor der
         Schneideigenschaftsprüfung
         Vergr. 500:1

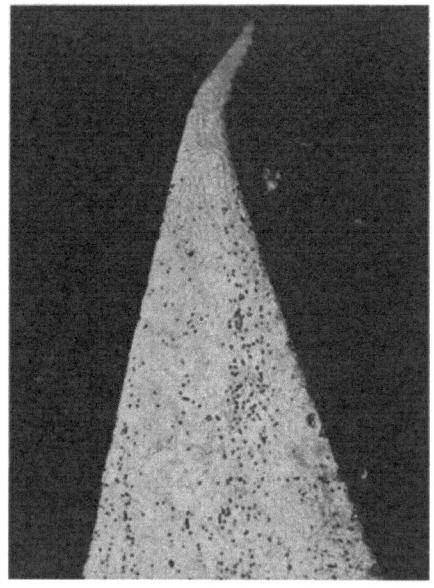

Abb. 28 Grat an der Schneide nach der
         Schneideigenschaftsprüfung
         Vergr. 500:1

Abb. 29 Schneide mit abgebrochenem Grat
Vergr. 500:1

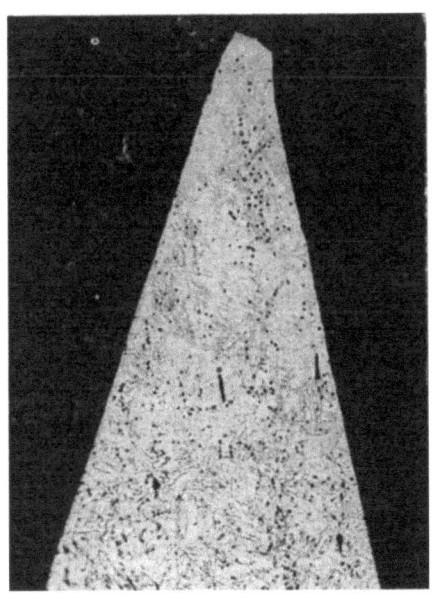

Abb. 30 Schneide mit abgebrochenem Grat
Vergr. 500:1

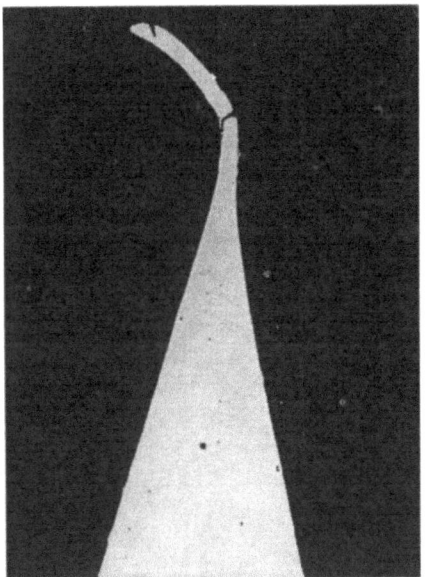

Abb. 31 Schneide nach Schneidprüfung
Vergr. 500:1

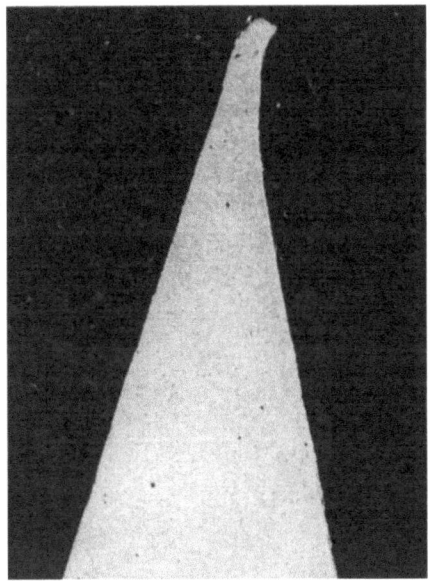

Abb. 32 Schneide nach Schneidprüfung, gleiche Schneide wie Abb. 31, Querschliff 0,5 mm daneben Vergr. 500:1

IV. Untersuchungen über die Wirkung der Karbide auf die Schneideigenschaften von Messern

Die Verwendung hochlegierter Chromstähle für die Herstellung von Messern ist nicht nur wegen der dadurch hervorgerufenen Rostbeständigkeit, sondern auch wegen des Gehaltes an Sonderkarbiden von Bedeutung. Diese Karbide, die als härtere und verschleißfeste Partikel in einer nicht ganz so harten Grundmasse eingebettet sind, ermöglichen auch bei weitgehendem Verschleiß der Schneide noch eine gewisse Mikroschartigkeit und damit eine bessere Schneidwirkung als eine ganz glatte Schneidkante. Verschiedene Arbeiten beschäftigen sich mit der Bedeutung der Karbide im Messerstahl und weisen zum Teil auch die Lage der Karbide an der Schneidkante nach [5, 6]. Dennoch sind bisher in keiner Arbeit Untersuchungen darüber erfolgt, in welcher Weise sich unterschiedliche Karbidgrößen und -anordnungen auf die Schneideigenschaften auswirken.

Im Rahmen der Untersuchungen über die qualitativen Unterschiede von Messern verschiedener Herstellungsverfahren erwies sich nun bei den Schneideigenschaftsprüfungen ein Messer deutlich als schlechter (Abb. 33). Das Messer war im Rahmen der üblichen Fabrikation mit gehärtet worden. Weder auf Grund der Ergebnisse bei der Härteprüfung noch auf Grund anderer äußerer Merkmale ließ sich eine Ursache für das schlechtere Schneidverhalten erkennen. Erst durch Gefügeuntersuchungen konnte die Abweichung aufgeklärt werden.

Die Abb. 34–37 zeigen das Gefüge des schlechten Messers und zum Vergleich das eines anderen Messers, das aus gleichem Material nach demselben Verfahren hergestellt wurde und dessen Schneideigenschaften gut waren. Deutlich ist die starke Kornvergröberung des schlechteren Messers zu erkennen. Die Kornvergröberung

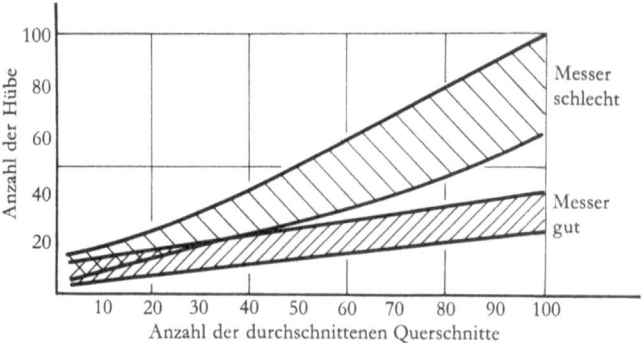

Abb. 33 Schneidprüfungen nach dem Verfahren von KNAPP an Messern mit unterschiedlichen Schneideigenschaften

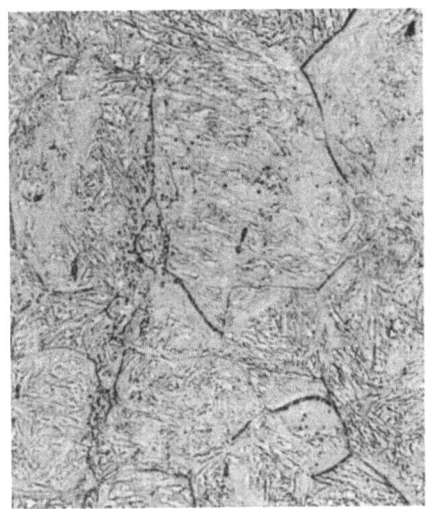
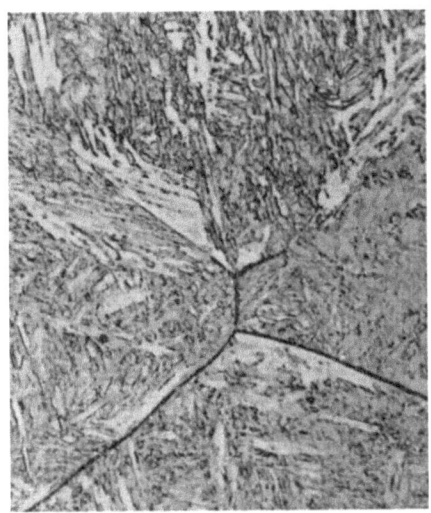

Abb. 34　Gefüge des Messers mit schlechten Schneideigenschaften
　　　　Vergr. 500:1

Abb. 35　Gefüge des Messers mit schlechten Schneideigenschaften
　　　　Vergr. 1000:1

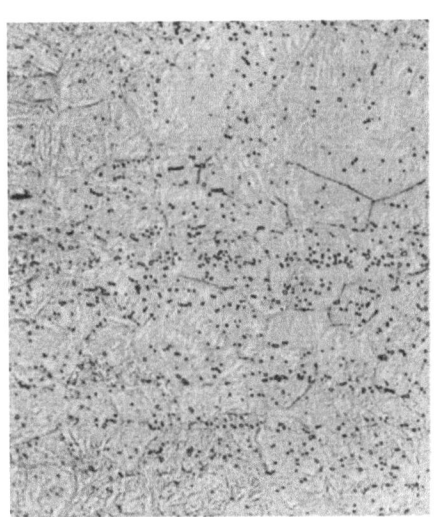
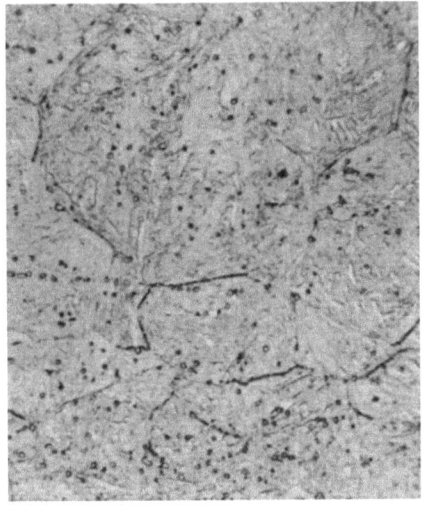

Abb. 36　Gefüge eines Messers mit guten Schneideigenschaften
　　　　Vergr. 500:1

Abb. 37　Gefüge eines Messers mit guten Schneideigenschaften
　　　　Vergr. 1000:1

ist aller Wahrscheinlichkeit nach auf eine Überhitzung zurückzuführen, die gleichzeitig auch zu einer fast vollständigen Auflösung der Karbide geführt hat.

Die Abb. 38 und 39 zeigen einen Querschliff durch die Schneide dieser zum Vergleich stehenden Messer nach einer Schneidprüfung. Dabei haben beide Messer zwar die gleiche Menge Prüfwerkstoff geschnitten, das schlechtere Messer jedoch mit sehr viel mehr Schnitthüben. Deutlich wird hier der wesentlich stärkere Verschleiß des schlechteren Messers erkennbar. Dabei sei darauf hingewiesen, daß auch in früheren Untersuchungen, wenn auch in anderem Zusammenhang, festgestellt wurde, daß insbesondere der Weg der Schneide (die Gesamtzahl der Schnitthübe) mitbestimmend für den Verschleiß ist.

Der stärkere Verschleiß des schlechteren Messers könnte u. a. auf eine größere Menge eines weicheren Gefügebestandteiles zurückgeführt werden. Als solcher kommt bei diesen Stählen vor allem der Gehalt an Restaustenit in Frage. Die Härteprüfung beider Klingen ließ jedoch keine Härteunterschiede erkennen, wie sie bei größeren Abweichungen in den Restaustenitmengen zweifellos aufgetreten wären.

 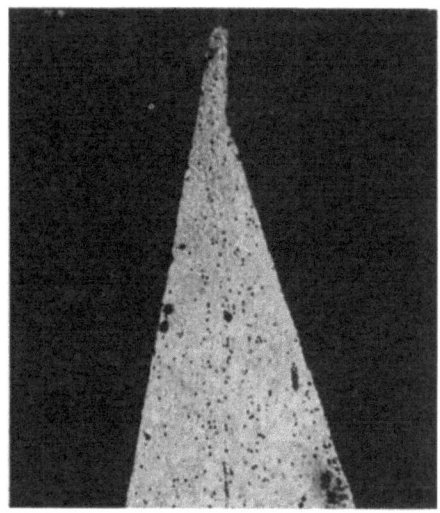

Abb. 38 Querschliff durch die Schneide des Messers mit schlechten Schneideigenschaften Vergr. 500:1

Abb. 39 Querschliff durch die Schneide eines Messers mit guten Schneideigenschaften Vergr. 500:1

Auch mit Röntgenrückstrahluntersuchungen wurde zusätzlich der Restaustenitgehalt überprüft. Die Abb. 40 und 41 zeigen die entsprechenden Rückstrahlaufnahmen. Bei dem schlechteren Messer sind die Linien des γ-Eisens ungleichmäßig stark, was durch den Orientierungszusammenhang der Restaustenitteilchen mit dem hier sehr grob ausgebildeten Primärkorn zusammenhängt. Dadurch wird eine Beurteilung der Restaustenitmenge erschwert. Dennoch sind größere Unterschiede des Restaustenitgehaltes im vorliegenden Falle nicht erkennbar.

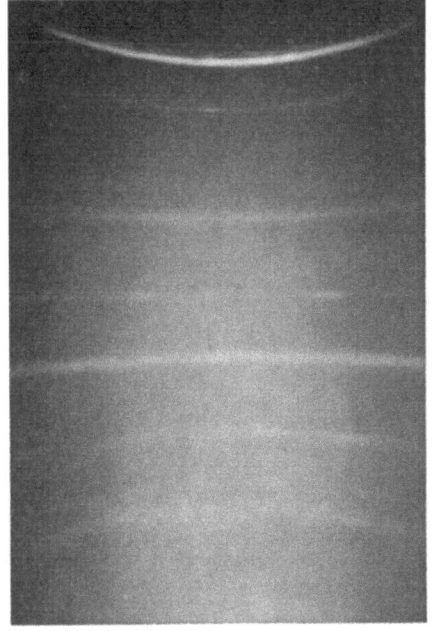 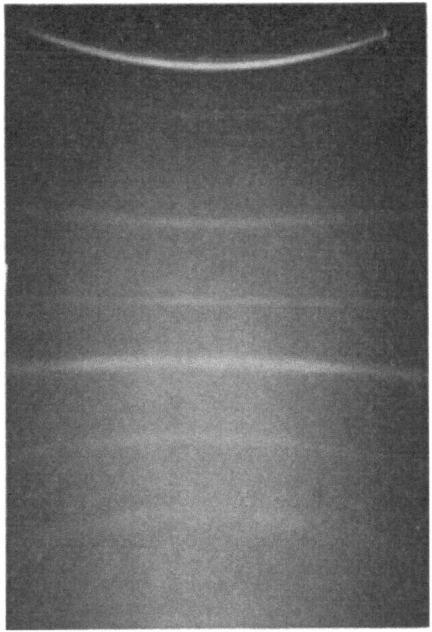

Abb. 40   Röntgenrückstrahlaufnahme des Messers mit schlechten Schneideigenschaften

Abb. 41   Röntgenrückstrahlaufnahme eines Messers mit guten Schneideigenschaften

Für den stärkeren Verschleiß des schlechteren Messers muß also ein anderer, sehr wesentlicher Einfluß wirksam sein. Es kann sich dabei, nachdem der Restaustenitgehalt nicht sehr unterschiedlich ist, wohl nur noch um den Einfluß unterschiedlicher Karbidausscheidungen handeln. So zeigt sich, daß das schlechtere Messer, bei dem fast sämtliche Karbide in Lösung gegangen sind, schneller verschleißt. Dieser Frage sind noch einige weitere Versuche gewidmet worden. Aus einer Reihe von Probenmaterialien des Stahles X 40 Cr 13 wurden zwei Stähle ausgewählt, die sich im wesentlichen durch ihre Karbidgröße und in gewisser Hinsicht auch durch ihre Karbidverteilung sehr stark unterschieden, wie es die Glühgefüge in den Abb. 42 und 43 zeigen.

Aus den Stählen, deren Glühgefüge in nachfolgenden Mikrobildern dargestellt ist, wurden Versuchsmesser hergestellt und von 1045°C in Öl gehärtet bei einer Erwärmungs- plus Haltezeit von 18 min. Die Klingen wurden wie üblich bei 200°C angelassen. Das Härtegefüge ist in den Abb. 44 und 45 wiedergegeben.

Das Material A mit den sehr feinen Karbiden zeigt bereits eine weitgehende Karbidauflösung, während die sehr großen Karbide des Materials B noch in großer Anzahl im Material vorhanden sind. Die Härteprüfung ergab für beide Messer übereinstimmend 56 HRC.

Somit sind von der Härte her keine bedeutenden Unterschiede vorhanden. Die Überprüfung der Schneideigenschaften dieser Messer ergab, daß die Messer des

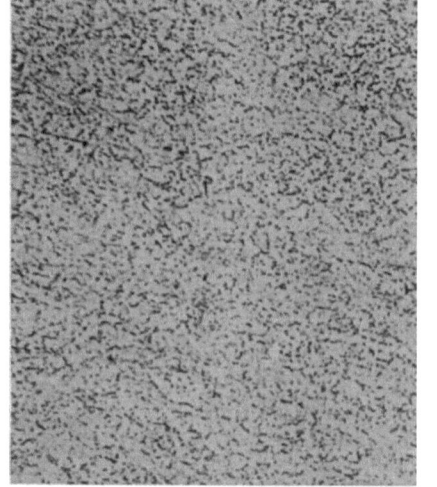

Abb. 42 Glühgefüge des Materials A
Vergr. 500:1

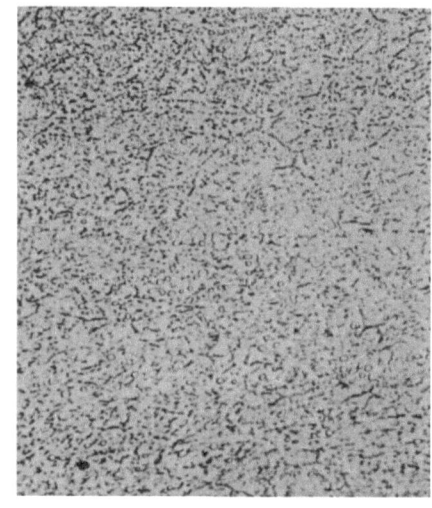

Abb. 43 Glühgefüge des Materials B
Vergr. 500:1

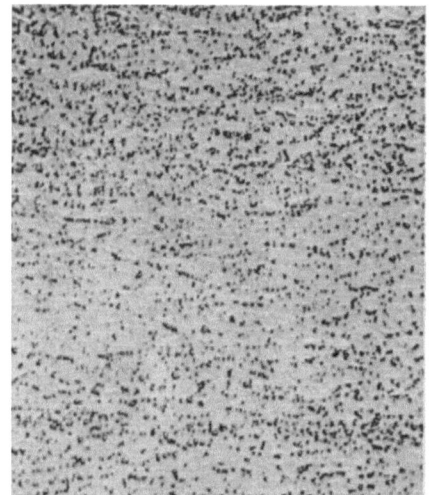

Abb. 44 Gefüge des Materials A
Wärmebehandlung:
1045°C 15 min Öl,
60 min 200°C Luft
Vergr. 500:1

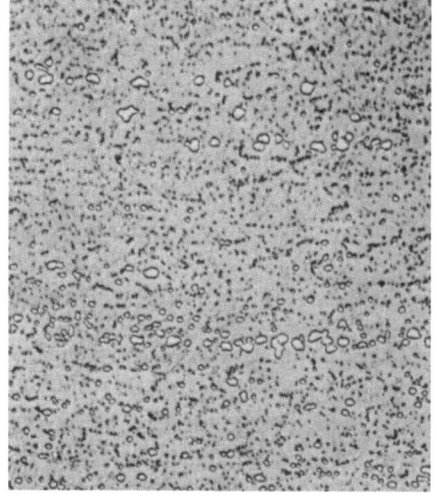

Abb. 45 Gefüge des Materials B
Wärmebehandlung:
1045°C 15 min Öl,
60 min 200°C Luft
Vergr. 500:1

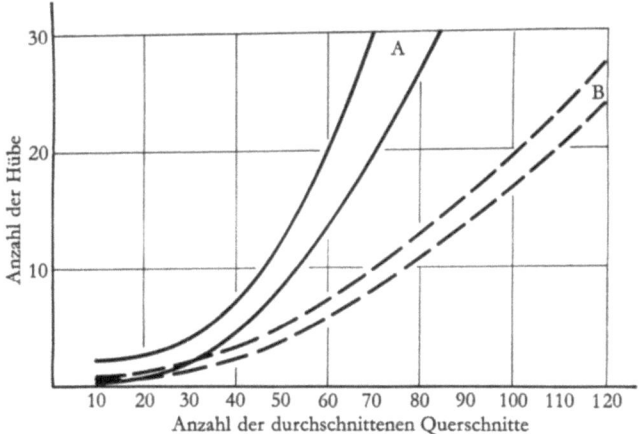

Abb. 46 Schneidprüfungen nach dem Verfahren von KNAPP
Ergebnisse von Messern aus Material A und Material B

Materials A sich eindeutig schlechter verhalten als die Messer B (Abb. 46). Dieses Ergebnis bestätigt die Vermutung, daß durch die Karbide, ihre Größe und Anordnung die Schneideigenschaften beeinflußt werden können.

Außerdem wurden auch Messer aus diesen Stählen überhitzt von 1130°C gehärtet, da hierbei eine noch weitergehendere Karbidauflösung zu erwarten war. Die Gefügeaufnahmen in den Abb. 47 und 48 zeigen, daß bei Material A die Karbide fast restlos aufgelöst sind und demzufolge eine starke Kornvergrößerung eingesetzt

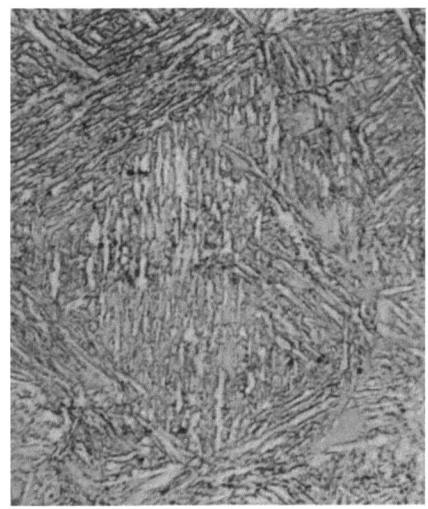
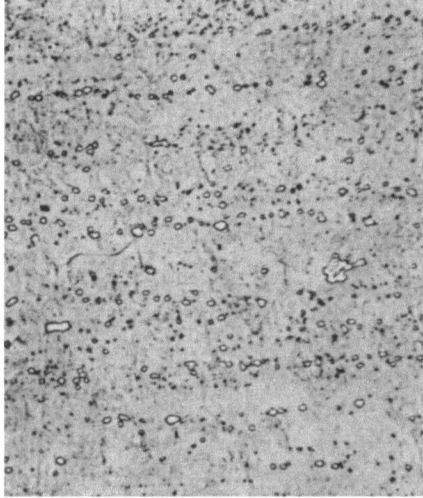

Abb. 47 Gefüge des Materials A
Wärmebehandlung
1130°C 15 min Öl,
200°C 60 min Luft
Vergr. 500:1

Abb. 48 Gefüge des Materials B
Wärmebehandlung:
1130°C 15 min Öl,
200°C 60 min Luft
Vergr. 500:1

hat, während bei Material B durch die noch zahlreich vorhandenen Karbide eine stärkere Kornvergröberung vermieden wurde. Die an diesen Messern durchgeführten Schneidprüfungen führten zu der interessanten Feststellung, daß die Materialveränderung sich nur unwesentlich auf die Schneideigenschaften ausgewirkt hat und zu fast den gleichen Ergebnissen führt, wie sie bereits in Abb. 45 gezeigt wurden.

Bei den vorgenannten Beispielen muß jedoch berücksichtigt werden, daß bewußt sehr extreme Verhältnisse gewählt wurden. Es ist anzunehmen, daß feinere Unterschiede mit den zur Verfügung stehenden Schneideigenschaftsprüfverfahren nicht so einwandfrei erfaßt werden können, als daß sie in Erscheinung treten. Dies wird auch bei den Schneidprüfungen der überhitzten Messer erkennbar.

Abschließend sei daran erinnert, daß insbesondere die Karbidanordnung stark durch die Warmformgebung beeinflußt werden kann und die Karbidmenge von dem Auflösungsverhalten bei der Wärmebehandlung abhängig ist. Es ist beabsichtigt, in späteren Untersuchungen diese Zusammenhänge weiterzuverfolgen.

V. Zusammenfassung und Ausblick

Die vorliegende Arbeit befaßt sich mit Untersuchungen über den Einfluß der geometrischen Form der Messer auf die Ergebnisse von Schneideigenschaftsprüfungen. Wenn auch bereits in früheren Veröffentlichungen verschiedene Angaben über diese Einflußgrößen gemacht wurden, so bedurften doch eine Reihe von Fragen in diesem Zusammenhang einer weiteren Klärung.

Der Einfluß des sogenannten Keilwinkels ist zwar in besonderem Maße bereits früher untersucht worden, in der richtigen Erkenntnis, daß hier in starkem Maße eine Einflußnahme durch die Art der fabrikatorischen Fertigung der Messer gegeben ist, was auch in den vorliegenden Untersuchungen erneut nachgewiesen wurde. Für die Prüfung der Messer hat sich herausgestellt, daß zweckmäßig ein einseitiger Abzug vorzusehen ist. Dadurch entfällt ein nicht reproduzierbarer Reibungsverlust, wie er bei beidseitig abgezogenen Messern durch die zur Einspannseite des Prüfwerkstoffes hin gelegene Abzugsfläche auftritt. Außerdem erwies es sich als günstig, die Seitenflächen der Prüfstücke planparallel zu schleifen, um für das Abziehen auf der Vorrichtung und auch für das Einspannen der Klinge gleichbleibende Voraussetzungen zu schaffen.

Schneidversuche mit den beschriebenen Messern ergaben, daß durch verschieden große Keilwinkel eine Einflußnahme auf die Empfindlichkeit des Prüfverfahrens möglich ist. Es besteht jedoch eine starke Wechselwirkung zwischen der geometrischen Gestaltung der Klinge und den übrigen Prüfbedingungen, deren ausführliche Klärung späteren Untersuchungen vorbehalten bleiben muß.

Die bei dem Abzug der Schneide auftretende Schartigkeit übt ebenfalls einen Einfluß auf die Schneideigenschaften aus. Die Abtragung dieser Schartigkeit durch Verschleiß wird in erster Linie durch den Weg der Schneide im Prüfwerkstoff mitbestimmt. Die Schnittkraft übt keinen so starken Einfluß auf den Verschleiß aus. Die von STÜDEMANN und MÜCHLER nach einem sehr starken Schneidenverschleiß noch beobachtete Schartigkeit muß auf das Ausbrechen von Gefügebestandteilen während des Versuches zurückgeführt werden, bedingt durch die hier sehr hohe Beanspruchung der Schneide. Bei eigenen Versuchen mit sehr niedrigen Schnittkräften konnte nach einem entsprechend starken Verschleiß keine Schartigkeit mehr nachgewiesen werden.

Die durch den Abzug hervorgerufene Gratbildung an der Schneide stellt eine kaum kontrollierbare und nicht reproduzierbare Einflußgröße dar. In einigen Bildern werden die Ausmaße dieser Gratbildung aufgezeigt. Bei der üblichen Entfernung des Grates durch Abziehen wird der Grat kaum abgeschliffen, sondern meist nur aufgerichtet oder abgebrochen. Trotz dieser Schwierigkeiten konnten in den Versuchen die Streuungen in engen Grenzen gehalten und damit brauchbare Aussagen über andere Einflußgrößen gewonnen werden.

Zusätzlich wurden noch einige Untersuchungen über den Einfluß der Karbide auf die Schneideigenschaften durchgeführt. Dabei ergab sich als wichtigste Erkenntnis, daß das Vorhandensein größerer Karbidmengen sehr verschleißmindernd wirkt und somit die Schneideigenschaften deutlich verbessert. Hier müßte noch in weiteren Arbeiten dem Einfluß der Karbidanordnung und Karbidgröße sowie dem Auflösungsverhalten der Karbide bei der Wärmebehandlung auf die Schneideigenschaften nachgegangen werden.

Direktor Dipl.-Ing. HANS STÜDEMANN
Dr.-Ing. FRITZ ESSELBORN

Literaturverzeichnis

[1] STÜDEMANN, H., und F. ESSELBORN, Einflüsse der Prüfbedingungen auf die Ergebnisse von Schneideigenschaftsprüfungen an Messern. Forschungsberichte des Landes Nordrhein-Westfalen, Heft 1140.

[2] HONDA, K., und K. TAKAHASI, Journal of the Iron and Steel Institute 116 (1927), S. 357.

[3] KNAPP, W., Über Schneidfähigkeit und Schneidhaltigkeit von Messerklingen. Dr.-Ing.-Dissertation, TH Aachen 1928.

[4] KOLBERG, C., Beitrag zur Prüfung der Schneideigenschaften von Messerklingen aus Kohlenstoffstahl und rostfreiem Stahl. Dr.-Ing.-Dissertation, TH Aachen 1933.

[5] STÜDEMANN, H., und W. MÜCHLER, Entwicklung eines Verfahrens zur zahlenmäßigen Bestimmung der Schneideigenschaften von Messerklingen. Forschungsberichte des Wirtschafts- und Verkehrsministeriums Nordrhein-Westfalen, Nr. 177, Westdeutscher Verlag, Köln und Opladen 1956; s. a. Dr.-Ing.-Dissertation von W. MÜCHLER, TH Braunschweig 1954.

[6] KLEMM, H., Die Vorgänge beim Schneiden mit Messern. Freiberger Forschungshefte B 12, Akademie-Verlag, Berlin 1957.

FORSCHUNGSBERICHTE
DES LANDES NORDRHEIN-WESTFALEN

Herausgegeben im Auftrage des Ministerpräsidenten Dr. Franz Meyers
von Staatssekretär Prof. Dr. h. c. Dr.-Ing. E. h. Leo Brandt

EISENVERARBEITENDE INDUSTRIE

HEFT 39
Forschungsgesellschaft Blechverarbeitung e. V., Düsseldorf
Aus den Arbeiten des Instituts für Werkzeugmaschinen an der Technischen Hochschule Hannover
Untersuchungen an prägegemusterten und vorgelochten Blechen
1953. 40 Seiten, 34 Abb. DM 9,50

HEFT 43
Forschungsgesellschaft Blechverarbeitung e. V., Düsseldorf
Forschungsergebnisse über das Beizen von Blechen
1953. 41 Seiten, 38 Abb., 3 Tabellen. Vergriffen

HEFT 51
Verein zur Förderung von Forschungs- und Entwicklungsarbeiten in der Werkzeugindustrie e. V., Remscheid
Untersuchungen an Kreissägeblättern für Holz, Fehler- und Spannungsprüfverfahren
1953. 39 Seiten, 23 Abb. DM 10,—

HEFT 56
Forschungsgesellschaft Blechverarbeitung e. V., Düsseldorf
Untersuchungen über einige Probleme der Behandlung von Blechoberflächen
1953. 41 Seiten, 42 Abb. DM 11,20

HEFT 60
Forschungsgesellschaft Blechverarbeitung e. V., Düsseldorf
Untersuchungen über das Spritzlackieren im elektrostatischen Hochspannungsfeld
1954. 82 Seiten, 53 Abb., 7 Tabellen. Vergriffen

HEFT 61
Verein zur Förderung von Forschungs- und Entwicklungsarbeiten in der Werkzeugindustrie e. V., Remscheid
Schwingungs- und Arbeitsverhalten von Kreissägeblättern für Holz I
1953. 43 Seiten, 31 Abb. DM 11,40

HEFT 65
Fachverband Schneidwarenindustrie, Solingen
Untersuchungen über das elektrolytische Polieren von Tafelmesserklingen aus rostfreiem Stahl
1954. 79 Seiten, zahlreiche Abb., 9 Tabellen. DM 17,35

HEFT 87
Gemeinschaftsausschuß Verzinken, Düsseldorf
Untersuchungen über Güte von Verzinkungen
1954. 56 Seiten, 56 Abb., 3 Tabellen. DM 15,30

HEFT 98
Fachverband Gesenkschmieden, Hagen
Die Arbeitsgenauigkeit beim Gesenkschmieden unter Hämmern
1954. 117 Seiten, 55 Abb., 9 Tabellen. DM 24,75

HEFT 116
Prof. Dr.-Ing. E. Siebel und Dr.-Ing. Helmut Weiss, Stuttgart
Untersuchungen an einigen Problemen des Tiefziehens — I. Teil
1955. 59 Seiten, 50 Abb., 6 Tabellen. DM 14,50

HEFT 117
Dr.-Ing. H. Beißwänger, Stuttgart und Dr.-Ing. S. Schwandt, Trier
Untersuchungen an einigen Problemen des Tiefziehens — II. Teil
1954. 77 Seiten, 34 Abb., 8 Tabellen. DM 17,70

HEFT 150
Prof. Dr.-Ing. Otto Kienzle und Dipl.-Ing. F. Wilhelm Timmerbeil, Hannover
Das Durchziehen enger Kragen an ebenen Fein- und Mittelblechen
1955. 39 Seiten, 20 Abb., 8 Tabellen. DM 11,30

HEFT 177
Dipl.-Ing. Hans Stüdemann, Solingen und Dr.-Ing. W. Müchler, Essen
Entwicklung eines Verfahrens zur zahlenmäßigen Bestimmung der Schneideigenschaften von Messerklingen
1956. 92 Seiten, 68 Abb., 4 Tabellen. DM 22,20

HEFT 224
Dipl.-Ing. Hans Stüdemann und Ing. R. Beu, Forschungsinstitut für die Schneidwarenindustrie an der Fachschule für Metallgestaltung und Metalltechnik Solingen
Verfahren zur Prüfung der Korrosionsbeständigkeit von Messerklingen aus rostfreiem Stahl
1956. 82 Seiten, 28 Abb. DM 16,90

HEFT 225
Dr.-Ing. Eginhard Barz, Remscheid
Der Spannungszustand von Gattersägeblättern
1956. 63 Seiten, 54 Abb. DM 16,50

HEFT 277
*Dr.-Ing. W. Müchler, Forschungsinstitut für Metallgestaltung und Metalltechnik, Solingen
Direktor: Dipl.-Ing. Hans Stüdemann*
Untersuchung und zahlenmäßige Bestimmung der Schneideigenschaften von Messern mit besonderer Berücksichtigung rostfreier Messerstähle
1956. 47 Seiten, 27 Abb., 5 Tabellen. DM 13,20

HEFT 283
*Prof. Dr. phil. Franz Wever und
Dr.-Ing. Werner Lueg, Max-Planck-Institut für Eisenforschung, Düsseldorf*
Warmstauchversuche zur Ermittlung der Formänderungsfestigkeit von Gesenkschmiede-Stählen
1956. 31 Seiten, 19 Abb. DM 9,90

HEFT 285
Prof. Dr.-Ing. Otto Kienzle, Dr.-Ing. Kurt Lange und Dipl.-Ing. Helmut Meinert, Institut für Werkzeugmaschinen und Umformtechnik der Technischen Hochschule Hannover
Einfluß der Oberfläche auf das Verschleißverhalten von Schmiedegesenken
1956. 50 Seiten, 29 Abb., 8 Tabellen. DM 14,60

HEFT 286
Dr.-Ing. Kurt Lange, Dipl.-Ing. Helmut Meinert, unter Mitarbeit von Dr.-Ing. Heinz Arend, Institut für Werkzeugmaschinen und Umformtechnik der Technischen Hochschule Hannover
Verschleißverhalten hartverchromter Schmiedegesenke
1956. 62 Seiten, 53 Abb., 6 Tabellen. DM 17,65

HEFT 321
*Prof. Dr. phil. Franz Wever und
Dr. phil. Wolfgang Wepner, Max-Planck-Institut für Eisenforschung, Düsseldorf*
Gleichzeitige Bestimmung kleiner Kohlenstoff- und Stickstoffgehalte im α-Eisen durch Dämpfungsmessung
1956. 17 Seiten, 4 Abb., 3 Tabellen. DM 6,80

HEFT 322
*Prof. Dr.-Ing. Franz Bollenrath und
Dipl.-Ing. Wilhelm Domke, Aachen*
Eigenspannungen in vergüteten, dickwandigen Stahlzylindern nach Oberflächenhärtung mit induktiver Erwärmung
1956. 17 Seiten, 9 Abb., 2 Tabellen. DM 6,90

HEFT 360
Dr.-Ing. Eginhard Barz, Remscheid
Fertigungsverfahren und Spannungsverlauf bei Kreissägeblättern für Holz
1957. 68 Seiten, 40 Abb., DM 17,—

HEFT 367
Dr. rer. nat. Dietrich Horstmann, Max-Planck-Institut für Eisenforschung und Gemeinschaftsausschuß Verzinken, Düsseldorf
Der Angriff eisengesättigter Zinkschmelzen auf kohlenstoff-, schwefel- und phosphorhaltiges Eisen
1957. 42 Seiten, 22 Abb., 6 Tabellen. DM 12,85

HEFT 375
Technischer Überwachungs-Verein e.V., Essen
Wanddickenmessungen mittels radioaktiver Strahlen und Zählrohrgerät
1958. 24 Seiten, 15 Abb. DM 9,55

HEFT 376
Technischer Überwachungs-Verein e.V., Essen
Wasserumlaufprobleme an Hochdruckkesseln
1958. 126 Seiten, 56 Abb., 8 Tabellen. DM 32,60

HEFT 377
Technischer Überwachungs-Verein e.V., Essen
Versuche an Wanderrostkesseln mit befeuchteter Verbrennungsluft
1958. 35 Seiten, 19 Abb., 2 Tabellen. DM 12,20

HEFT 395
Dipl.-Ing. Ludwig Hahn, Clausthal-Zellerfeld
Untersuchungen zur Frage des optimalen Bohrloch- und Patronendurchmessers
1957. 119 Seiten, 49 Abb., 19 Tabellen. DM 31,25

HEFT 445
Dr. Ing. Eginhard Barz, Remscheid
Fertigungs- und Prüfverfahren für Feilen
Vergriffen

HEFT 447
*Prof. Dr.-Ing. Franz Bollenrath, Aachen
Dr.-Ing. H. Füllenbach, Seesen und
Dipl.-Ing. J. Schumacher*
Entwicklung rationell arbeitender Spritzkabinen
1958. 44 Seiten, 26 Abb. DM 13,55

HEFT 473
Prof. Dr. phil. Franz Wever, Dr.-Ing. Werner Lueg und Dipl.-Ing. Paul Funke jr., Max-Planck-Institut für Eisenforschung, Düsseldorf
Versuche an einer hydraulischen 25-t-Stangenziehbank
1957. 22 Seiten, 11 Abb. DM 8,95

HEFT 557
Dr.-Ing. Hans Schiffers, Dipl.-Ing. Dieter Ammann, Dipl.-Ing. Erich Brugger und Dipl.-Ing. Rudolf Dicke, Gießerei-Institut der Rhein.-Westf. Technischen Hochschule Aachen
Härtbarkeit von Gußeisen mit Lamellen- und Kugelgraphit in Abhängigkeit von Zusammensetzung und Gefüge
1958. 29 Seiten, 24 Abb., 1 Tabelle. DM 11,—

HEFT 630
Prof. Dr. phil. Walter Koch und Dr. techn. Dipl.-Ing. Hanns Malissa, Max-Planck-Institut für Eisenforschung, Düsseldorf
Beiträge zur Spurenanalyse im Reinsteisen
1958. 25 Seiten, 8 Tabellen. DM 7,60

HEFT 639
Prof. Dr.-Ing. habil. Karl Krekeler, Dr.-Ing. Heinz Peukert und Dipl.-Ing. Otto Schwarz, Institut für Kunststoffverarbeitung an der Rhein.-Westf. Technischen Hochschule Aachen
Auswertung der in- und ausländischen Literatur auf dem Gebiete des Metallklebens
1958. 152 Seiten, DM 37,80

HEFT 655
Dr. rer. pol. A. Theodor Wuppermann, Prof. Dr.-Ing. M. Pfender und Reg.-Rat Dipl.-Ing. E. Amedick, Im Auftrage des Vereins Deutscher Eisenhüttenleute, Düsseldorf
Untersuchung des Einflusses von Oberflächenfehlern auf die Dauerhaltbarkeit von Kurbelwellen
1958. 48 Seiten, 101 Abb., 4 Tabellen. DM 10,—

HEFT 680
Prof. Dr. phil. Walter Koch, Dr.-Ing. Angelika Schrader, Dr.-Ing. habil. Alfred Krisch und Dipl.-Phys. Helmut Rohde, Max-Planck-Institut für Eisenforschung, Düsseldorf
Änderungen im Gefügeaufbau austenitischer Chrom-Nickel-Stähle bei Zeitstandversuchen von mehrjähriger Dauer
1959. 37 Seiten, 23 Abb., 5 Tabellen. DM 12,20

HEFT 681
Prof. Dr.-Ing. Dr.-Ing. E. h. Hermann Schenk und Dr.-Ing. Werner Wenzel, Institut für Eisenhüttenwesen der Rhein.-Westf. Technischen Hochschule Aachen
Die Reduktion von Eisenerzen im Elektro-Fließbett
1959. 76 Seiten, 20 Abb., 12 Tabellen. DM 19,60

HEFT 693
Prof. Dr.-Ing. Otto Kienzle, Dr.-Ing. Friedrich Wilhelm Timmerbeil und Dr.-Ing. Thomas Jordan, Hannover
Einige Untersuchungen über das Schneiden von Blechen
1959. 55 Seiten, 54 Abb., 3 Tabellen. DM 17,40

HEFT 702
Prof. Dr. phil. Walter Koch und Dipl.-Phys. Dr. rer. nat. Hans Lüdering, Max-Planck-Institut für Eisenforschung, Düsseldorf
Statistische Auswertung von Thomasroheisenproben guter und schlechter Verblasbarkeit
1959. 20 Seiten, 3 Abb., 3 Tabellen. DM 6,50

HEFT 703
Prof. Dr. phil. Walter Koch und Dipl.-Phys. Dr. phil. Heinz Sundermann, Max-Planck-Institut für Eisenforschung, Düsseldorf
Isolierungstechnische Untersuchungen an Thomasroheisen
1959. 28 Seiten, 16 Abb., 1 Tabelle. DM 9,—

HEFT 705
Dr.-Ing. Karl Ernst Mayer, Dr.-Ing. Helmut Knüppel, Ing. Arthur Stumpf, Dortmund-Hörder-Hüttenunion AG., Dortmund, und Prof. Dr. phil. Walter Koch, Max-Planck-Institut für Eisenforschung, Düsseldorf
Wege zur automatischen Überwachung des Thomasverfahrens
1959. 56 Seiten, 20 Abb., 7 Tabellen. DM 14,80

HEFT 714
Prof. Dr.-Ing. Wilhelm Patterson, Gießerei-Institut der Rhein.-Westf. Technischen Hochschule Aachen
Wirkung einer Gasspülung auf den Magnesiumverbrauch bei der Herstellung von Gußeisen mit Kugelgraphit
1959. 44 Seiten, 35 Abb., 14 Tabellen. DM 13,40

HEFT 728
Dr.-Ing. Klaus Spies, Dortmund
Die Zwischenformen beim Gesenkschmieden und ihre Herstellung durch Formwalzen
1959. 113 Seiten, 61 Abb., 2 Tabellen. DM 29,60

HEFT 740
Dr. rer. nat. Dietrich Horstmann, Max-Planck-Institut für Eisenforschung und Gemeinschaftsausschuß Verzinken, Düsseldorf
Einfluß einiger Eisen- und Zinkbegleiter auf Größe und Art des Zinkangriffs auf Eisen
1959. 38 Seiten, 22 Abb., 1 Tabelle. DM 12,60

HEFT 741
Dipl.-Ing. Hans Stüdemann, Dipl.-Ing. Fritz Esselborn und Ing. Hermann Hartmann, Forschungsinstitut an der Fachschule für Metallgestaltung und Metalltechnik, Solingen
Untersuchungen zur Prüfung der Korrosionsbeständigkeit rostbeständiger Besteckbleche aus Chromstahl
1959. 31 Seiten, 30 Abb., 4 Tabellen. DM 10,30

HEFT 742
Dr.-Ing. Eginhard Barz, Verein zur Förderung von Forschungs- und Entwicklungsarbeiten in der Werkzeugindustrie e. V., Remscheid
Schneideigenschaften von schneidenden Zangen und Prüfverfahren
1959. 66 Seiten, 40 Abb., 4 Tabellen. DM 18,40

HEFT 757
*Dr.-Ing. Angelika Schrader und
Dr.-Ing. habil. Alfred Krisch, Max-Planck-Institut für
Eisenforschung, Düsseldorf*
Mikroskopische Beobachtungen von Ausscheidungen in austenitischen und ferritischen Stählen nach dem Kriechversuch
1959. 21 Seiten, 22 Abb., 1 Tabelle. DM 8,60

HEFT 780
*Prof. Dr. phil. Franz Wever, Dr.-Ing. Werner Lueg und
Dr.-Ing. Paul Funke, Max-Planck-Institut für Eisenforschung, Düsseldorf*
Untersuchung von Walzölen und Walzölemulsionen im Kaltwalzversuch
1959. 68 Seiten, 28 Abb., mehr. Tabellen. DM 18,50

HEFT 781
Verein zur Förderung von Forschungs- und Entwicklungsarbeiten in der Werkzeugindustrie e. V., Remscheid
Verformungseinflüsse bei der Feilenherstellung
1959. 65 Seiten, 39 Abb. DM 20,—

HEFT 840
*Prof. Dr. phil. Franz Wever,
Dr.-Ing. Hans-Günter Müller und
Dr.-Ing. Paul Funke, Max-Planck-Institut für Eisenforschung, Düsseldorf*
Versuchsmäßige und rechnerische Bestimmung von Walzkraft und Drehmoment unter Einwirkung von Bandzugspannungen beim Kaltwalzen von Bandstahl
1960. 36 Seiten, 12 Abb., 3 Tafeln. DM 10,90

HEFT 841
Dr. rer. nat. Hubert Blanck, Max-Planck-Institut für Eisenforschung, Düsseldorf
Untersuchungen zur Kinetik des Martensitzerfalls
1960. 33 Seiten, 11 Abb., kart. DM 10,30

HEFT 848
Dipl.-Ing. Hans-Jochen Stöter, Institut für Werkzeugmaschinen und Umformtechnik der Technischen Hochschule Hannover
Untersuchung des Schmiedevorganges in Hammer und Presse, insbesondere hinsichtlich des Steigens
1960. 133 Seiten, 62 Abb., 8 Tabellen. DM 35,60

HEFT 889
Dr.-Ing. Werner Hufschmidt, Lehrstuhl für Heizung und Lüftung an der Rhein.-Westf. Technischen Hochschule Aachen
Die Eigenschaften von Rippenrohrluftkühlern im Arbeitsbereich der Klimaanlage
1960. 125 Seiten, 37 Abb. DM 33,30

HEFT 890
Dr.-Ing. Heinz Meyer, Institut für Werkzeugmaschinen und Umformtechnik, Technische Hochschule Hannover
Untersuchungen über den Umformvorgang in Waagerecht-Stauchmaschinen
1960. 75 Seiten, 61 Abb., 3 Tabellen. DM 21,90

HEFT 916
*Dipl.-Ing. Hans-Joachim Crasemann, Forschungsstelle Blechbearbeitung am Institut für Werkzeugmaschinen und Umformtechnik der Technischen Hochschule Hannover
Direktor: Prof. Dr.-Ing. Dr.-Ing. E. h. Otto Kienzle*
Der offene, kreuzende Scherschnitt an Blechen
1960. 138 Seiten, 66 Abb., 10 Tabellen. DM 40,70

HEFT 1000
*Dipl.-Ing. Hartmut Tolkien, Institut für Werkzeugmaschinen und Umformtechnik der Technischen Hochschule Hannover
Direktor: Prof. Dr.-Ing. Dr.-Ing. E. h. Otto Kienzle*
Schmierwirkungen in Schmiedegesenken
*1961. 150 Seiten, 75 Abb., 2 Tabellen,
1 Anhang. DM 44,90*

HEFT 1004
Dr.-Ing. Eginhard Barz, Verein zur Förderung von Forschungs- und Entwicklungsarbeiten in der Werkzeugindustrie e. V., Remscheid
Untersuchung von Schraubendrehern und Schraubenverbindungen
1961. 68 Seiten, 26 Abb., 12 Tabellen. DM 22,30

HEFT 1027
Dr.-Ing. Eginhard Barz, Verein zur Förderung von Forschungs- und Entwicklungsarbeiten in der Werkzeugindustrie e. V., Remscheid
Prüfung von Feilen
1961. 57 Seiten, 23 Abb., 7 Tabellen. DM 20,50

HEFT 1028
Dr.-Ing. Siegfried Stendorf, Verein zur Förderung von Forschungs- und Entwicklungsarbeiten in der Werkzeugindustrie e. V., Remscheid
Das Gleitstauchen von Schneidezähnen an Sägen für Holz
1961. 138 Seiten, 85 Abb., 9 Tabellen. DM 47,10

HEFT 1056
*Dr.-Ing. Oskar Pawelski und Dr.-Ing. Werner Lueg †,
Max-Planck-Institut für Eisenforschung, Düsseldorf*
Der Spannungszustand beim Ziehen und Einstoßen von runden Stangen
1962. 106 Seiten, 35 Abb., 10 Tabellen. DM 33,60

HEFT 1089
*Direktor Dipl.-Ing. Hans Stüdemann und
Dr.-Ing. Fritz Esselborn, Forschungsinstitut an der Fachschule für Metallgestaltung und Metalltechnik, Solingen*
Untersuchungen über den Einfluß der Zusammensetzung und Gefügeausbildung auf das Härtungsverhalten des Stahles X 40 Cr 13
1962. 37 Seiten, 37 Abb., 8 Tabellen. DM 17,—

HEFT 1091
Dipl.-Ing. Kurt Buchmann, Forschungsgesellschaft Blechverarbeitung e. V., Düsseldorf
Beitrag zur Verschleißbeurteilung beim Schneiden von Stahlfeinblechen
1962. 126 Seiten, 77 Abb. DM 71,40

HEFT 1129
Prof. Dr.-Ing. Joseph Mathieu (Forschungsinstitut für Rationalisierung, Aachen) im Auftrage des Fachverbandes Gesenkschmieden im Wirtschaftsverband Stahlverformung, Hagen
Richtwerte für eine Platzkostenrechnung in der Gesenkschmiedeindustrie
1963. 54 Seiten, 7 Tabellen, 52 Seiten tabellarischer Anhang. DM 63,30

HEFT 1140
Direktor Dipl.-Ing. Hans Stüdemann und Dipl.-Ing. Fritz Esselborn, Forschungsinstitut an der Fachschule für Metallgestaltung und Metalltechnik, Solingen
Einflüsse der Prüfbedingungen auf die Ergebnisse von Schneideigenschaftsprüfungen an Messern
1962. 33 Seiten, 24 Abb. DM 14,80

HEFT 1162
Prof. Dr.-Ing. Dr.-Ing. E. h. Otto Kienzle und Dipl.-Ing. Manfred Meyer, im Auftrage der Forschungsgesellschaft Blechverarbeitung e.V., Düsseldorf
Verfahren zur Erzielung glatter Schnittflächen beim vollkantigen Schneiden von Blech
1963. 114 Seiten, 71 Abb., 6 Tabellen DM 60,40

HEFT 1164
Dr.-Ing. Eginhard Barz u. a., Verein zur Förderung von Forschungs- und Entwicklungsarbeiten in der Werkzeugindustrie e.V., Remscheid
Teil I: Arbeitsverhalten von scheibenförmigen Werkzeugen
Teil II: Schnittversuche von verleimten Holzwerkzeugen
1963. 90 Seiten, 16 Abb., 6 Tabellen. DM 44,80

HEFT 1171
Prof. Dr.-Ing., Dr.-Ing E. h. Otto Kienzle und Dipl.-Ing. Kurt Haverbeck, Hannover, im Auftrage der Forschungsgesellschaft Blechverarbeitung e.V., Düsseldorf
Das Herstellen von Außenborden an Blechteilen zwischen Stempel und Ring
1963. 96 Seiten, 58 Abb. DM 54,50

HEFT 1347
Dr. rer. nat. Dietrich Horstmann, Max-Planck-Institut für Eisenforschung und Gemeinschaftsausschuß Verzinken, Düsseldorf
Allgemeine Gesetzmäßigkeiten des Einflusses von Eisenbegleitern auf die Vorgänge beim Feuerverzinken
In Vorbereitung

HEFT 1348
Prof. Dr.-Ing. Dr. h. c. Herwart Opitz, Dr.-Ing. Wilfried König und Dipl.-Ing. D. Neumann Laboratorium für Werkzeugmaschinen und Betriebslehre der Rhein.-Westf. Technischen Hochschule Aachen
Einfluß verschiedener Schmelzen auf die Zerspanbarkeit von Gesenkschmiedestücken
In Vorbereitung

HEFT 1349
Dr.-Ing. Tin Ming Wu, Forschungsstelle Gesenkschmieden an der Technischen Hochschule Hannover
Untersuchungen über das Auftragsschweißen von Gesenken für Schmiedestücke aus Stahl
In Vorbereitung

HEFT 1350
Prof. Dr. phil. Karl Löhberg, Dipl.-Ing. Klaus Röhrig und Dr.-Ing. Peter Sahm, Institut für Gießereikunde der Technischen Universität, Berlin
Über die Keimbildung in unlegiertem Kupfer und unlegiertem Eisen
In Vorbereitung

HEFT 1352
Direktor Dipl.-Ing. Hans Stüdemann und Dr.-Ing. Fritz Esselborn, Forschungsinstitut an der Fachschule für Metallgestaltung und Metalltechnik, Solingen
Die Ergebnisse von Schneideigenschaftsprüfungen an Messern unter Berücksichtigung des Einflusses der geometrischen Form des Messers und des Einflusses der Karbidverteilung und -größe im Werkstoff

HEFT 1353
Direktor Dipl.-Ing. Hans Stüdemann und Dr.-Ing. Fritz Esselborn, Forschungsinstitut an der Fachschule für Metallgestaltung und Metalltechnik, Solingen
Untersuchungen über den Einfluß unterschiedlicher Herstellungsverfahren auf die Qualität rostbeständiger Messer
In Vorbereitung

HEFT 1354
Direktor Dipl.-Ing. Hans Stüdemann und Dr.-Ing. Fritz Esselborn, Forschungsinstitut an der Fachschule für Metallgestaltung und Metalltechnik, Solingen
Untersuchungen über den Einfluß der Wärmebehandlung in Zusammenhang mit unterschiedlicher Herstellung auf die Eigenschaften von rostbeständigen Messern
In Vorbereitung

HEFT 1355
Dr.-Ing. habil. Alfred Krisch, Max-Planck-Institut für Eisenforschung, Düsseldorf
Kriechverhalten, Gefügeänderungen und Risse bei mehrjährigen Zeitstandversuchen
In Vorbereitung

Verzeichnisse der Forschungsberichte aus folgenden Gebieten können beim Verlag angefordert werden:
Acetylen/Schweißtechnik – Arbeitswissenschaft – Bau/Steine/Erden – Bergbau – Biologie – Chemie – Eisenverarbeitende Industrie – Elektrotechnik/Optik – Energiewirtschaft – Fahrzeugbau/Gasmotoren – Farbe/Papier/Photographie – Fertigung – Funktechnik/Astronomie – Gaswirtschaft – Holzbearbeitung – Hüttenwesen/Werkstoffkunde – Kunststoffe – Luftfahrt/Flugwissenschaften – Luftreinhaltung – Maschinenbau – Mathematik – Medizin/Pharmakologie/NE-Metalle – Physik – Rationalisierung – Schall/Ultraschall – Schiffahrt – Textiltechnik/Faserforschung/Wäschereiforschung – Turbinen – Verkehr – Wirtschaftswissenschaft.

WESTDEUTSCHER VERLAG · KÖLN UND OPLADEN
567 Opladen/Rhld., Ophovener Straße 1–3

MIX
Papier aus verantwortungsvollen Quellen
Paper from responsible sources
FSC® C105338

If you have any concerns about our products,
you can contact us on
ProductSafety@springernature.com

In case Publisher is established outside the EU,
the EU authorized representative is:
**Springer Nature Customer Service Center GmbH
Europaplatz 3, 69115 Heidelberg, Germany**

Printed by Libri Plureos GmbH
in Hamburg, Germany